平野奈緒美

香りのチカラ

調香師が知っている、においと人の深いつながり

The power of fragrance

笠間書院

はじめに

「五月《さつき》待つ花橘《はなたちばな》の香をかげば昔の人の袖の香ぞする」という和歌がある。この歌は、『伊勢物語』の第60段に収められた一首である。現代語訳をすると、

「5月を待って咲く橘の花の香りを嗅ぐと、昔親しくしていた人の袖（に薫《た》いていたお香）の香りがするようで懐かしい思いになる」

というような意味になる。

高校時代の古文でこの歌を知り、いにしえの雅なお方も、私たちと同じように香りを通して懐かしさや切なさを感じていたとわかり、とても感動したことを覚えている。香りは時空を超えて、あたかもその場にいるようなシチュエーションや感情を呼び戻し、心を揺さぶる。

音楽にも似たような効果があるが、私の場合は音楽以上に、香りによる情動の方をいつも強く感じてきたように思う。物心つく頃から身の回りにあるもの、たとえば果物、石鹸《せっけん》、洋服、庭のにおい、家のにおいを嗅ぎ比べていた。とりわけ季節ごとに変化のある花の香りにはとても惹《ひ》かれたものである。祖母の庭の花々や熟したイチジクの香りを

嗅ぐことは、子ども心にも楽しみであった。そして、誰しもが物の嗅ぎ比べやにおいを嗅ぐことを楽しんでいると思っていたのである。

自分の香りへのこだわりの強さを意識したきっかけは、12歳頃に使ったフランスのロジェ・ガレ社のフレグランスソープである。頂き物の5種ほどの違った香りが楽しめる石鹸セットは、丁寧に円形に包んだシルキーペーパーを通してでも海外の香りが感じられ、日本製の清潔感のある石鹸に馴染《なじ》んだ鼻には衝撃的であった。特に「サンタル」と名前のついたものは、これまで嗅いだことのないクリーミーな甘さと深みのある落ち着いた香りで、石鹸というものの見方が変わるようだった。

ちなみに「サンタル」という名称が、サンダルウッド（白檀《びゃくだん》）のフランス語名と気がつくのは、だいぶ後のことである。このロジェ・ガレの石鹸を自分専用と勝手に決めて、優雅なバスタイムを満喫した。

これが、私とフレグランスの出会いであり、嗅覚にまつわる思い出である。香りと結びついている思い出は、その場の情景や色、そのときの感情も含めて細部まで記憶に残る。その不思議な力に魅せられて、その後、香りを創る「調香師」を目指すこととなった。

20代前半で渡仏し、ヴェルサイユにあるＩＳＩＰＣＡ（通称：イジプカ）という香料の専門学校で学び、高砂《たかさご》香料工業株式会社フレグランス研究所で23年間調香師として主にパーソナルケア製品の創香にたずさわった。その後は同研究所の管理者を務め、幸運なことに計30年以上にわたってフレグランス開発に関わることができた。現在は、株式会社日本香堂にて、お線香、お香などのホームフレグランス製品とパーソナルケア製品の香り開発と調香に従事している。

本書は、一般の方に向けて、香水、香りを創る調香師、香料および香料の原料となる植物、嗅覚とにおいが心身に与える影響など、香りにまつわる内容を、できるだけわかりやすくお伝えし、香りの魅力と香りのチカラに気づいていただきたいとの願いを込めて書いた。

香料原料や香りの表現用語については、そのつど解説を入れると混乱を招くおそれもあるので、イメージができそうなものは一部そのままで表記している。

また、香りは脳科学、生理学、歴史などの分野と結びついている。それぞれ深い専門知識が必要なため、多くの文献と既刊書を参考にさせていただいた。

私たちの身の回りには、実に多くの香りが溢《あふ》れている。普段あまり意識していないかもしれないが、一日の暮らしは朝起きてから夜寝るまで、たくさんの日用品や食品の香りで彩られている。一歩外に出れば、季節の廻《めぐ》りに合わせて咲く花々、やわらかな春の陽に照らされて薫る新緑の木々、小雨の朝に感じる大気のにおい、秋の涼やかな乾いた風の香りが、ふっと感じられるだろう。

ときには歩みを緩めて、そこに漂うにおいをゆっくりと嗅いでいただきたい。フレグランスやフレーバーから、あるいは自然界から発せられる信号をキャッチすることで、香りの世界は次々と広がっていく。それは、私たちの生活や感性をより豊かにしてくれるはずである。

本書を読んでいただき、多様な香りとにおいの表情を感じていただけたら真に幸いである。

Contents

はじめに……002

第1章
目には見えない香りのチカラ……013

嗅覚の誕生……014

五感で感じる香り……014

嗅覚の大きな役割……015

香りは人を動かす……022

自然からの贈り物……022

森は香っている……023

森林浴あれこれ……027

第2章
香りが脳と心に届けるもの……033

においを感じる仕組み……034

香りはどこで認識されるのか？……034

鼻からの情報が伝わるまで……035

私たちが香りを嗅ぎ分けられる理由 …… 039

さまざまな香りにどう対応している? …… 039

バラの種類まで判別できる嗅覚 …… 040

香りと記憶の関係 …… 044

なぜ香りやにおいは記憶されるのか …… 044

嗅覚の豊かな可能性 …… 045

香りと人体の繋がり …… 049

香りの心身への効果 …… 049

現代まで生きるアロマセラピー …… 050

第3章

調香師が創る香りの世界 …… 063

香りを創造する調香師 …… 064

調香師の役割 …… 064

パフューマーの仕事 …… 065

創香開発の流れ …… 068

調香師になるための訓練と学び …… 077

香りのハーモニーは知識から生まれる …… 077
パフューマーの素質とは …… 078
仕事を支える基礎 …… 080
香料学校という選択肢 …… 101

イメージを香りで表現する …… 111
香りを組み立てる「創香」 …… 111
イメージから香りへの変換 …… 112
「評価」を重ねて香りをまとめる …… 116
時代に合った香りを創るには …… 119

第4章

人々を魅了する香水 …… 123

人と香水の絆 …… 124
5000年前から香りは愛されてきた …… 124
香水ヒストリー …… 126
時代をとりこにした香りの系譜 …… 137
一つの香水が生まれるまで …… 161

第5章

世界は香りの素材に満ちている　171

文化と化学を育んだ香料原料　172

香り文化の誕生と広がり　172

天然香料と合成香料　173

天然香料の採取法　179

天然香料のプロフィール　186

香りの世界を広げる合成香料　198

香料とどう向き合うか　203

身近な自然の香りを採り入れよう　206

インスピレーションの原点は自然　206

日本の樹木の香り　207

四季の香り——植物の生存戦略　218

香りも味も刺激的なハーブ・スパイス　226

第6章

商品としての香り　237

生活の中の多様なフレグランス製品　238

日用品に「使うよろこび」を与える　238

化粧水と香り　239

お風呂の必須品「石鹸」　242

シャンプーの変遷　245

ファブリックケアの香りで家事を楽しく　249

芳香剤というリラクゼーションアイテム　254

生活に小さな幸せをもたらす　256

企業の香り戦略　258

購買意欲と香りの関係　258

香りマーケティング　260

これからのフレグランスの香りのあり方　264

第7章

香りの旅に出かけよう …… 271

旅で積み重ねた香りの記憶 …… 272

旅の香りが人生を豊かにする …… 272

甘く優しい風が流れる島――ハワイ …… 273

エキゾチックな異国の香り――モロッコ …… 276

香りが解き放たれる街――パリ …… 281

身近なもので楽しむ香りの旅 …… 288

思い立ったらすぐ出発 …… 288

生活の中の小さな旅 …… 289

香りを聞く旅 …… 296

聞香という体験 …… 296

お香を通して広がった日本の香り文化 …… 298

銘香木を科学する …… 301

おわりに …… 306

参考文献 …… 309

第1章

目には見えない香りのチカラ

嗅覚の誕生

五感で感じる香り

私たちの日常生活は、視覚・聴覚・嗅覚・味覚・触覚の五感の相互作用により営まれている。ところが、日頃からお世話になっているにもかかわらず、見ること、聞くこと、嗅ぐこと、味わうこと、触ることは当たり前すぎてあまり注意を払っていないのではないだろうか。特に嗅覚は、呼吸をするのと同じぐらい意識されていないものかもしれない。

しかし、五感は多様な信号や情報の入り口であり、それぞれが脳に情報を届けるための重要な役割を担っている。脳が司令塔となり、それぞれの感覚器官や運動器官と連携がとられている。

嗅覚については解明されていない領域もあるが、五感の成り立ちを知り、嗅覚との関連性や香りを感じる嗅覚の仕組みについて考えてみたい。

嗅覚の大きな役割

胎児のときからにおいを感じている

人間の感覚器官は、母親のおなかの中にいる妊娠4週目頃から発達が始まる。

視覚は、妊娠18週頃には視神経と脳が繋《つな》がり、25週過ぎにはまぶたが開き始め、徐々に光や暗さを感じるようになる。さらに34週を過ぎると少しずつ目が見えるようになる。

聴覚は、妊娠4～5週頃から内耳、中耳、外耳がつくられ始め、耳の形ができ上がってくる。そして20週頃には母親の血液の流れや心臓の音が聞こえるようになる。つまり胎児は体内で4カ月以上も心臓や血液の音を聞きながら育つのである。30週を過ぎる頃になると、おなかの外の雑音や話し声が聞こえるようになり、高音・低音も聞き分けられるようになる。

嗅覚は、妊娠6〜7週頃から鼻の突起ができて徐々に形がつくられ、9週頃には鼻腔で最初ににおいをキャッチする嗅上皮と、においを感じる嗅細胞が形成される。20週には嗅覚が発達し始め、25週を過ぎると鼻の穴が通って30週には嗅覚が完成する。胎児は、羊水に溶けた食べ物のにおい成分を感じるので、妊娠中の食事が出産後の赤ちゃんの好みに影響を与えることもあるという。

味覚は、味を感じる味蕾《みらい》が形成されるのが妊娠8週前後で、12週過ぎには味蕾は成人並みに発達して、20週を過ぎると舌や口腔内の感覚が完成し、甘みと苦みを感じるようになる。

胎児の触覚は他の五感より発達が早く、妊娠8週には手で子宮壁に触れる、20週頃には手を口にもっていき指を吸う動きをすることもある。触覚の発達が早いのは、自己の認識と外界の認識を学習するためと考えられている。

めでたく誕生した赤ちゃんの五感は、外界の刺激を受けながら急速に成長していく。生まれたとき0・02程度だった視力は、1歳頃には0・2から0・4ぐらいに上がり、行動範囲が広がっていく。そして3歳頃には1・0程度の視力になり、大人と同じような世界が見えるようになる。そして12〜13歳頃に完成される。

聴覚は、胎児の頃からすでに発達しているので、生まれた直後から母親の声を認識しているそうである。３カ月ぐらいになると、声のする方に顔を向けて反応するようになる。次第に言葉を理解し始め、９カ月頃には名前を呼ばれると振り向くようになる。そして視覚に比べて比較的早い５〜６歳頃には聴覚が完成するといわれている。

味覚も発達は早めで、特に母乳やミルクの甘みとうま味はよく受け入れる。逆に、酸味と苦みは拒否することがあるという。酸味は、食べ物が熟していない、あるいは腐敗していることに繋がり、苦みは毒が含まれている可能性を示唆するからである。人間は生まれながらにして、危険を察知できるよう味覚の遺伝情報がインプットされているのである。

触覚は、熱い、冷たい、痛い、かゆいといったことを認識するため、赤ちゃんのうちはとても敏感である。自分の身を守るために欠かせないものであり、親とのスキンシップなどの心地よさの感覚も、脳の発達に必要なものである。

嗅覚に関しては、乳幼児は一般に大人よりも敏感であるといわれている。母親のにおいや母乳のにおいを認識できることは知られているが、いくつかの母乳の中から自分の母親の母乳を嗅ぎ分けられる乳幼児も多いという[*1]。

母親のにおいは社会と赤ちゃんを繋ぐカギ

母親のにおいが乳児の脳の発達に影響を与える可能性があることが、海外の研究者によって報告されている[*2]。

実験は、生後7カ月の乳児のそばに母親のにおいの染み込んだTシャツと未使用のTシャツを順に置き、乳児と見知らぬ女性を対面で座らせるというもの。その状態で脳波を測定した。

結果、乳児と女性の脳活動の同期率は、母親が使用したTシャツをそばに置いた場合には、母親と対面しているときと同程度に高まることが明らかになったという。研究チームは、「母親のにおいがついたアイテムがそばにあることで、子どもは母親がいなくても他人とうまく同調できるかもしれない」と述べている[*3]。

これは、母親が存在しなくても、においだけで、その姿や声と同じような安心感を乳児に与えている可能性が高いことを示している。特に乳幼児は視覚が発達途中なので、安全なものと危険なものを区別し、リスクを避けられるように、本能に近い嗅覚が重要な役割を担っていると考えられる。

赤ちゃんにとって、母親のにおいや母乳のにおいは、何よりも安心な、生きるすべ、のようなものである。最近は、イクメンもかなり増えてきているので、父親のにおいもインプットされているかもしれない。

このように、においは乳児の社会的発達に影響を与えている可能性があると考えられる。

五感の中では視覚の発達がゆっくり進むため、乳児、幼児期のうちは、嗅覚、聴覚、触覚、味覚が優位に機能して、成長にも関わっているということなのだろう。

大人にとっての嗅覚の意味は？

ところが大人になるとこの状況が逆転する。人間が情報を得るための五感による知覚の割合は、視覚83%、聴覚11%、嗅覚3・5%、触覚1・5%、味覚1・0%、という報告がある[*4]。

この数値の具体的な根拠についてはいろいろと議論されているようであるが、人間は多くの情報を視覚に頼っていることは確かである。それは、視覚によって得られる情報量が圧倒的に多いからだろう。

それでは、ビジュアルの情報中心の現代社会において、嗅覚の必要性はどんどん失われていくのだろうか？
答えは、イエスでもあり、ノーでもある。たしかにスマホやパソコンなどのビジュアル情報の精度や処理能力は、ものすごいスピードで進歩している。すぐには訪れることのできない海外の映像も瞬時に受け取ることができる。そしてＳＮＳなどを利用して、世界中の人々とすぐに繋がることも可能になった。もはや視覚情報の重要性を疑問視することはないだろう。

一方で、あまりの情報の多さに脳の処理が追いつかなくなり、人々は振り回されて疲れているように見える。１９８０年代に米国で「テクノストレス」という言葉が生まれたように、便利で手軽な社会は、逆に多くの負担を心身に与えていることも忘れてはいけない。

そこで「香り」の出番である。パソコンでの作業や忙しく頭を働かせて仕事をしているときに飲む一杯のコーヒーの香りは、安らぎと、日々のノルマから少しのあいだ目を離すことの大切さを思い出させてくれる。また、家族で囲む食卓は、湯気を立てる肉や野菜のにおいのおかげで美味しさもアップし、幸せなひとときとなる。

現代人は、他の動物と比較すると、進化の過程で主に視覚が発達してきた。嗅覚で食料を探し回ることや、命に関わる危険を嗅覚だけで察知しなければならない、ということはほとんどなくなっている。しかし、食事を美味しく食べるためには、嗅覚と味覚の2つは大変重要である。風邪などで鼻が詰まったりすると、食べ物の味にも影響することは、誰でも経験があると思う。香りは食欲にも深く関わっている。

他にも、忙しくストレスの多い日常生活の中で、山に出かけてキャンプや森林浴を楽しむ、紅茶やハーブティーをゆっくりと味わう、お香を焚《た》きながら瞑想《めいそう》するなど、人々がリラックスのために取り入れていることの多くに香りが関係している。

心身を整え、癒やすために、香りと嗅覚の役割が次第に大きくなっている。

香りは人を動かす

自然からの贈り物

世界的なＳＤＧｓ（Sustainable Development Goals：持続可能な開発目標）の取り組みにより、環境保全について考える機会が増えている。また２０１９年からのコロナ禍で日常生活が制限され、生活様式も変化したことが、これまでの価値観やライフスタイルを見直すきっかけにもなった。その結果、自然や健康への関心の高まりからアウトドア、ガーデニング、ストレスケアがこれまで以上に注目を集めている。

自然や植物は向こうからはやってこないが、こちらから近づいていけばいつも優しく迎えてくれる。その恵みの一つが、自然が放つ香りの力である。

まず、自然からの香りの恩恵を一番受け取りやすい「森林浴」について紹介する。

森は香っている

日本発「森林浴」のチカラ

「森林浴」の発祥の地は日本だといわれている。日本の森林面積は約２５００万ヘクタールで、国土の67%に当たる。世界の森林率（国土面積に占める森林面積の割合）を見てもフィンランドに次いで第2位で、実は世界有数の森林大国である[*5]。

「森で暮らす人は長生きする」「森の中を歩くと身体がすっとして元気になる」など、森林の健康効果が古くから言い伝えられてきたことも不思議ではない。

１９８０年代に当時の林野庁により、日光浴、海水浴、温泉浴にならって「森林浴」というワードが生み出された。１９８２年に初の全国森林浴大会が赤沢自然休養林で開催され、この地が森林浴の発祥の地となった。赤沢自然休養林のある長野県木曽郡上松《あげまつ》町《まち》は、木曽町の近くにあり、古くから「日本三大美林」の一つといわれる木曽ヒノキなどの木材集積地として栄えてきた土地である。

その後の自然志向、健康志向の高まりを受けて、ここ10年で森林浴は定着してきている。現在では、海外にも「Shinrin-yoku」または「Forest Bathing」という名称で広まっており、アメリカでは「ヨガ」や「マインドフルネス」と並んで、近年注目を集めているのが「森林浴」のアクティビティである。

「フィトンチッド」は、樹木が発散する揮発性物質である。樹木や草が有害な物質等から自分の身を守るために発散している成分といわれている。直訳すると「フィトン（植物が）＋チッド（殺す）」で少々危険なイメージがするが、この成分は、消臭効果や脱臭効果をもち、そのおかげで空気が浄化され、森林内が清々しい空気で満たされている。

フィトンチッドの成分は、主に針葉樹が放つテルペン類の香気成分である。α－ピネン、カンファー、ヒノキチオール、リモネンなどがある。これら樹木から発生する香気成分が、身体にどのような影響を与えるのだろうか。

針葉樹から放たれるα－ピネンは、副交感神経を優位にして、自律神経の安定を促しリラックス効果が期待できる。リモネンは、免疫機能とストレスホルモンに有益な効果があるといわれている。

不思議なのは、作用が一方向ではないということだ。高血圧の人の血圧を下げてくれる一方で、血圧が低く、気分がすぐれない人が、森では血圧が正常値に近づく、または頭がすっきりすることがあるという。これも自律神経が安定することによる効果かもしれない。

免疫力を高め、病気を予防

２０１２年に米国で『Forest Medicine』を出版し「森林医学」という新しい予防医学・環境医学を確立した李《り》卿《けい》氏らの研究報告がある。

森林浴をおこない樹木の下を歩くと、副交感神経が優位になり、ストレスホルモンが減少してリラックス状態に導かれ、血圧や心拍数が安定する。また、ナチュラル・キラー細胞（ＮＫ細胞）が活性化するという。ナチュラル・キラー細胞とは、リンパ球の一種で、身体の中でウイルスに感染した細胞や一部のがん細胞を認識して攻撃してくれる細胞のことである。

李氏は、樹木の香気成分が生体内で免疫機能に及ぼす効果について、ヒノキの精油を含ませた加湿器を置き、α－ピネンの濃度、温度、湿度を一定に保ち、検証実験をおこなっている。測定したのは睡眠時間、運動量、ＮＫ活性、ＮＫ細胞抗がんタンパク質、尿中アドレナリン、ノルアドレナリン濃度、白血球、赤血球、血小板、ヘモグロビンなどの数値と、自覚症状アンケート、ＰＯＭＳテスト（気分・感情を測定するテスト）である。結果、ヒノキ精油の香気は、ＮＫ活性を有意に上昇させ、ＮＫ細胞数とＮＫ細胞抗がんタンパク質を有意に増加させた。つまり、身体の抗がん能力を高める可能性を示唆している。また、自覚症状アンケートからは、疲労、緊張・不安、抑うつ・落ち込み、敵意などの自覚症状を改善し、疲労回復効果をもたらすことがわかった。

実際に、森林浴による効果がどのぐらい続くかを調べるため、前述の赤沢自然休養林にて、12名のビジネスマンを対象に2日間（2・5㎞の散策を各2時間。計4時間）の森林浴実験が実施された。その結果、ＮＫ細胞および細胞内の抗がんタンパク質の増加によって、ＮＫ活性を上昇させることが再確認された。

さらに、森林浴後30日が経過しても持続効果が認められたという。これは、月に1回森林浴をすれば、たとえ普段はオフィスなどの街中で生活していようと、身体は常に高い免疫機能を維持できる可能性を示している。

これらのことから、フィトンチッドが、免疫力を高め、ストレスを軽減して身体をリラックスさせる効果があることがわかってきた。

しかし注意していただきたい点もある。森林浴の効果については、がんなどの疾病を治療するものではなく、あくまで病気になりにくい、抵抗力の強い身体をつくる助けとするなど、いわゆる未病の改善や予防として捉えるべきである。薬のように、短時間で身体に劇的な変化を与えることを期待してはいけない。

具体的な森林浴の取り入れ方としては、樹木の中で深呼吸しながら、風に揺れる木の葉の音に耳を澄ませたり、土や芝生の柔らかさを足の裏に感じたりして、自然を楽しみながら散策するのがお勧めだという。つまり五感で自然を感じることがポイントなのだ。

森林浴あれこれ

都会に公園がある理由

私の森林浴体験をいくつか紹介する。以前、米国・ニューヨーク市のマンハッタンに2カ月ほど仕事で滞在したことがあった。はじめは高層ビルのモダンなオフィスで意気揚々と調香の仕事をしていたが、ひどい時差ボケが何日も続き、何となく気持ちが落ち着かない。週末になるとどうにも緑が恋しくなり、毎週末セントラルパークに通ってひたすら歩き回るエクササイズのような森林浴をおこなっていた。

　慣れない土地での仕事とビルが乱立する景色に、自分で考えている以上にストレスが溜まっていたのだろう。

　ちょうど10月の枯葉が落ち始めたシーズンで、パーク内はアメリカ楡《にれ》の葉が黄色に、メイプルは赤に染まり、陽を浴びてきらきらと輝き大変美しかった。落ち葉が重なり合って、ふかふかした土のにおいと混ざり合い、キノコのような湿った香りがそこかしこに漂っていた。時折、観光馬車の馬の落とし物のにおいが混ざってくることもあったが、空気がひんやりとして乾燥しているのであまり気にならなかった。

　半日ほど樹木の中で過ごしていると、頭の中がしんとすっきりしてきて、何となく活力が湧いてくるのを感じた。

　セントラルパークは、都会のオアシスといわれるように、ニューヨーカーや観光客の憩いの場所である。週末になると思い思いのスタイルで、森林浴や運動を楽しんでいる。なぜ、マンハッタンの真ん中にあんな広大な公園があるのだろう、と思っていたが、人口密度が高く高層ビルで空が隠れてしまうような都会だからこそ、樹木や草花、水の流れなどの人に寄り添う自然が必要なのだと、身に染みて感じた。

東京にもセントラルパークにロケーションが似ている都市公園、新宿御苑がある。環境省管轄の公園で、樹木数が1万本を超え、セコイアの大樹や芝生の広場、回遊式日本庭園もあり、都会にいながら気軽に森林浴が楽しめる公園である。

日本の森を味わう

青森県の奥入瀬《おいらせ》渓流を散策したときのことである。奥入瀬渓流は、ブナと低層のシダが織りなす森林と、渓流の石をおおう青々とした苔《こけ》が見事な景観をつくっている。整備された遊歩道を歩いていると、どこからかキャラメルを焦がしたような甘い香りが漂ってくる。あたりを見回しても飲食店のようなものは見当たらないが、香りははっきりと感じられた。

ガイドさんにお尋ねしたら、カツラの黄葉した葉から出る香りだとわかった。黄色からうす茶色に変化したカツラの落ち葉を嗅いでみると、キャラメルやメイプルシロップのような甘さに少し醤油《しょうゆ》の発酵臭が混ざったような温かみのある強い香りがして驚いた。

甘い香りの正体は、マルトールという香気成分である。マルトールは天然にも存在するが、フレーバーやフレグランスでお砂糖のような甘さを表現するためによく使用される香料原料の一つである。マルトール自体も綿菓子とそっくりの香りがする。昔の日本人も香りを楽しんでいたのだろう、カツラの名前は「香《か》出《づ》る」に由来し、葉を乾燥させて粉砕したものを抹香に用いていたという。

カツラの葉は長さ4～10cmの細いハート形で、葉が緑色の新鮮なときはにおわないが、秋になって黄葉し落葉すると香りが出てくるという特徴がある。黄葉したあとににおい始めることから、葉が乾燥して組織が壊れることに関係していると考えられている。

奥入瀬渓流は、澄んだ渓流のマイナスイオンと針葉樹、広葉樹、常緑樹、落葉樹の混交林から発散される香気成分により、少し佇《たたず》んでいるだけでも豊かな森林の恵みを受け取れる場所である。秋には、カツラの甘いにおいが香ってくるのも多様性があって楽しい。

一つ心配なことは、渓流と平行して車道があるので、排気ガスや大勢の観光客により森林浴の効果が薄れてしまうように感じられることだ（2021年10月現在）。この点については、奥入瀬の環境保全の面から、将来的には一般車両の規制などが検討されていくそうである。

カツラの木は、ときおり公園などでも見かけることがある。秋に甘い香りが漂ってきたらハートの落ち葉を探して嗅いでみていただきたい。

五感で自然を楽しむ

その他に私が個人的にお勧めする森林浴スポットは、鎌倉の建長寺などの北鎌倉方面と、瑞泉寺《ずいせんじ》など二階堂方面の寺々を繋ぐ天園《てんえん》ハイキングコースである。アップダウンが激しく全長5km近くあるので、散策というより山歩きの趣が濃くなるコースである。夏でもひんやりとして、コナラ、スダジイ、ケヤキ、ヤマザクラなどの樹木が生い茂り、ウツギ、ツユクサなど可憐な花も目を和ませてくれる。虫や鳥の声、ときにはリスのけたたましい鳴き声もあって飽きない。1時間から1時間半の山歩きで、たっぷりと森林の息吹を感じられる場所である。

実際に森林浴を体験してみると、フィトンチッドの恩恵だけでなく、木々の緑、花の色、虫や鳥の声、肌に当たる風の心地よさなど、まさに五感で感じるものだということがよく理解できる。大げさに言うと、動物の本能のようなものが呼び覚まされるような感覚である。

普段の生活に、習慣として森林浴を取り入れることで、心身ともに良い循環をつくることができれば有意義である。森林で深呼吸して、自然の恵みをゆっくりと感じていただきたい。

＊1 「たまひよ」2018年9月29日、「育児ログ」2020年8月1日

＊2 ライマン大学（イスラエル）発達社会神経科学センターのRuth Feldman氏らの報告（「Science Advances」2022年12月10日号）

＊3 「HealthDay News」2022年1月7日

＊4 教育機器編集委員会（編）『産業教育機器システム便覧』日科技連出版社、1972年

＊5 Food and Agriculture Organization, *Global Forest Resources Assessment*, 2005

第2章

香りが脳と心に届けるもの

においを感じる仕組み

香りはどこで認識されるのか？

朝食のワンシーンを思い浮かべていただきたい。大きなカップに注がれたカフェオレの馥郁《ふくいく》たる香りは幸せな朝の目覚めをもたらす。バターがたっぷりと塗られたトーストや湯気を立てているベーコンエッグの美味しそうな香りは、健康的な食欲を引き出してくれる。

私たちはこれらの香りを鼻で認識しているように思っているが、カフェオレの香りにほっとして幸せな気持ちになったり、ベーコンエッグの香りに、「美味しそう、早く食べたい」と感じているのは脳である。

においは鼻から入って鼻の中にある嗅細胞でキャッチされる。しかし、何のにおいなのか、これまでに嗅いだことのあるにおいなのかそうでないのか、危険なにおいなのかそうでないのかを瞬時に識別しているのは脳の嗅覚野という部分である。

それでは、我々が嗅いでいる「におい」がどのようなルートを辿《たど》って脳に届き識別されるのか、その仕組みをみていきたい。

鼻からの情報が伝わるまで

脳に届くのは「信号」

においの物質は、分子量30～２５０程度の揮発する化合物である。このにおい分子が空中に漂い、鼻から吸い込まれ、まず鼻腔の上部にある嗅上皮に届く。嗅上皮は、粘膜で覆われており、嗅細胞、嗅腺（ボーマン腺）、支持細胞などの細胞群で形成されている（次ページの図1・図2参照）。

　嗅上皮の中にびっしりと並んだ嗅細胞は、においを識別する神経細胞である。嗅細胞からは嗅繊毛と呼ばれる突起のようなものが出ている。その嗅繊毛の表面には嗅覚受容

図1　においの情報を伝える器官

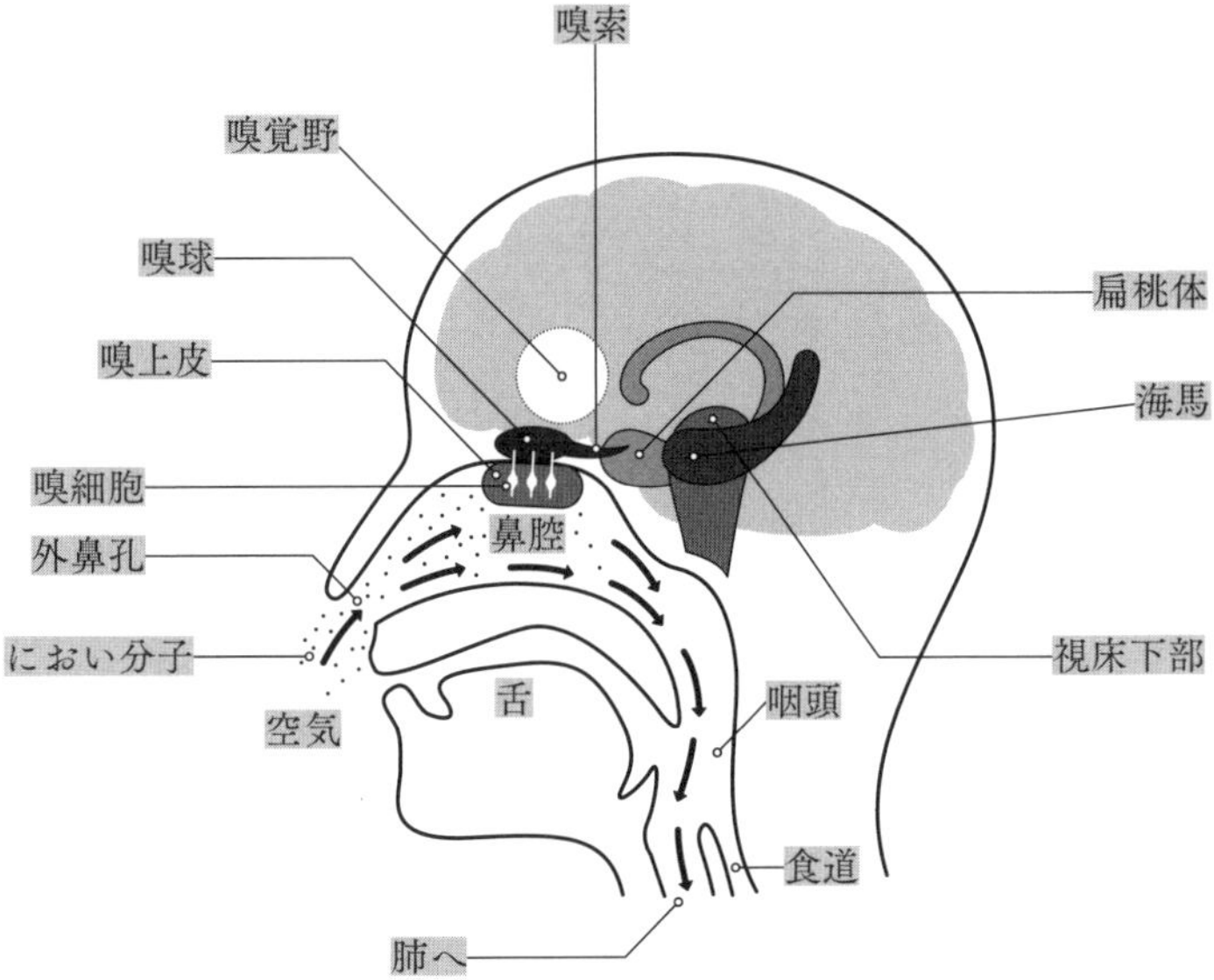

図2　におい分子をキャッチする嗅上皮

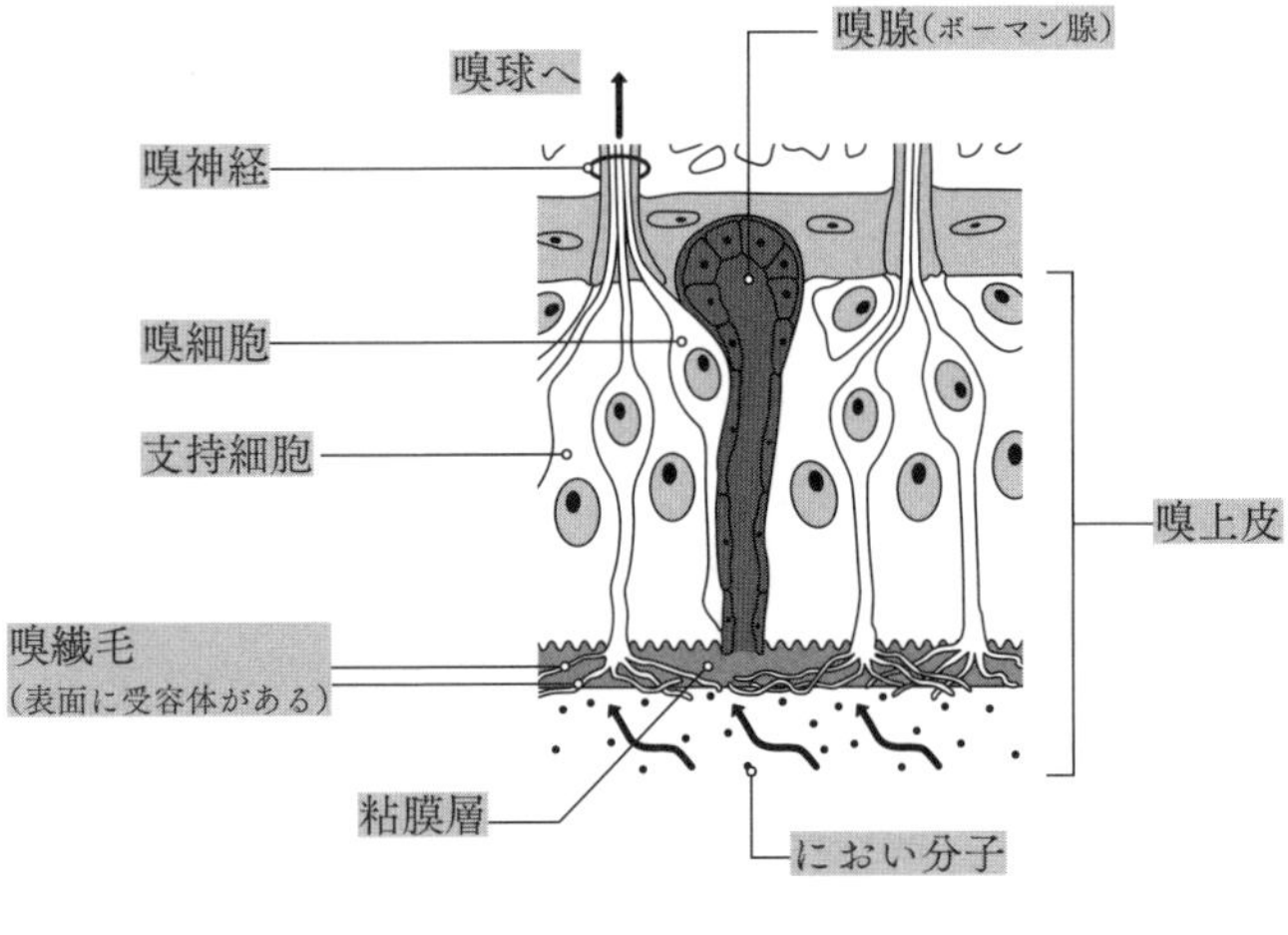

体があり、嗅覚受容体に、におい分子がはまって結合すると、においの情報を伝える電気信号が発生する。

このにおいの電気信号は嗅細胞から感覚神経である嗅神経を経て嗅球という脳の下の部分に伝わり、シナプス（神経細胞同士の接点）を介して脳の嗅索という部分へと伝達される。さらに、扁桃体《へんとうたい》、視床下部、大脳皮質にある嗅覚野へと伝わっていき、最終的に嗅覚野でにおいの種類が識別されると考えられている。

ポイントは、「におい」として感じているにおい分子は、嗅細胞で「電気信号」に変換される、という点である。つまり、脳が情報として受け取るのはにおい分子そのものではなく、電気的な信号なのである。

このような、においを識別する嗅覚のメカニズムがわかってきたのは、最近のことである。

１９９１年に、リンダ・バックとリチャード・アクセルの「嗅覚受容体」をつくる遺伝子発見についての論文がアメリカの生物学学術誌「Cell」に掲載され、２００４年には嗅覚の遺伝子解析の業績に対して、両氏にノーベル医学・生理学賞が贈られた。長らく嗅覚は未知の感覚といわれていただけに、嗅覚受容メカニズムの解明研究に果たした功績は大きい。

前述のように、私たちが「におい」として感じるにおい分子は、揮発性の化学物質である。なぜ、におい分子そのものではなく電気信号に変換されて脳に届くかというと、人体でもっとも大切な脳を守るためである。におい分子がそのまま脳に届いてしまうと、脳細胞は化学物質によってダメージを受けるという。さまざまな危険から脳を守るために、人間の身体にはいくつもの防御システムが設けられている。この嗅覚のメカニズムも、生命を維持するために創造された神秘的で機能的な身体の働きの一つといえるだろう。

私たちが香りを嗅ぎ分けられる理由

さまざまな香りにどう対応している？

さて、次に考えたいのは、どのようにして花や果物や香水の香りなど、途方もない種類のにおい分子が混ざったものを「嗅ぎ分け」することができるのだろうかということだ。ここでは、私たちの鼻の中で起きていることを説明する。普段、花の香りのわずかな違いを感じ取ったり、どこからか漂ってくるにおいでそれがどんな料理か当てられたりするのは、嗅覚の繊細な仕組みのおかげである。

バラの種類まで判別できる嗅覚

限られた数の嗅覚受容体を生かす

人は約400種類の嗅覚受容体遺伝子をもっていることが明らかになっている。嗅覚受容体とにおい分子は「鍵穴」と「鍵」のような関係で、嗅覚受容体という「鍵穴」ににおい分子という「鍵」がはまったとき、脳に届く電気信号が発生する。つまり、人の嗅覚受容体の鍵穴にはまらないにおい分子だと、においとして感じることができない。

これまでの嗅覚の研究によって、個々の嗅細胞は嗅覚受容体を1種類しかつくらないことがわかっている。もし、単一の神経に複数の受容体があるならば、それぞれの受容体が受け取るにおい分子の種類は違うのに、同じにおいとして反応してしまう可能性がある。しかし、1つの神経に1種類の受容体しかないので、違うにおい分子を正確に区別できるのだ。

しかし、新しい疑問が湧いてくる。約400種の嗅覚受容体では、多種多様なにおい

図3　嗅覚受容体は複数のにおい分子と結合

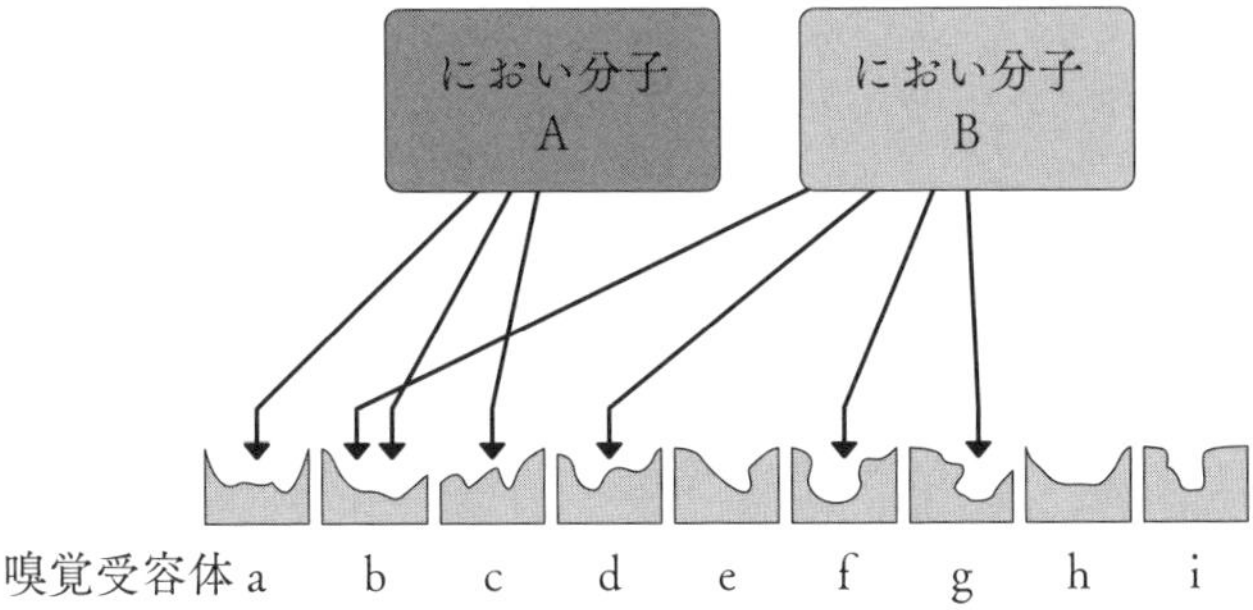

の嗅ぎ分けは困難ではないだろうか。

たとえば、バラの香気成分は、報告されているだけで500種以上ある。中には人の嗅覚で感知できない成分もあるはずだ。バラ特有の香気成分が含まれていたとしても、種類や個体によって含有量が同じとは限らない。それでも私たちは、バラの香りとして認識することができる。このにおいの識別においても、嗅覚受容体と嗅細胞が重要な役目を担っている。

実は嗅覚受容体は、それぞれの種類ごとに複数種のにおい分子と結合できる構造になっている。たとえば、におい分子Aにはaとbとcの嗅覚受容体が結びつき、分子Bにはbとdとfとgが結びつき、コード（符号化）されるという仕組みである。これなら約400種の受容体しかなくても何千、何万といわれるにおいの識別ができることになる（図3参照）。

脳の中に広がっている「におい地図」

東京大学医学部の森憲作名誉教授を中心とした研究によって明らかになってきたことは、同じ種類の受容体をもつ嗅細胞の軸索（神経突起）は、嗅球表層の空間的に決まった位置にある糸球に集結しているということである。つまり「一糸球に一受容体」のルールによって、嗅球の表面にある数千個の糸球の空間配置がおこなわれ、嗅球に「におい地図」がつくられている、という。

さらに、においの嗅ぎ分けにおいて重要なことは、においの濃度を薄めていくと嗅覚受容体が認識するにおい分子の種類が減ってくるということである。ある特定のにおい分子を認識する嗅細胞は、それぞれ特有の閾値《いきち》（においを薄めていくと感じなくなる濃度）があるので、濃度差により受容体の組み合わせが変わってくる。たとえば高濃度のときには9種類の受容体が反応するが、低濃度になると4種類の受容体しか反応しないようになる。同じにおい成分であっても濃度が違うと、似ていても異なったにおいとして嗅球の糸球で判断されていく。

このように、それぞれのにおい分子の化学構造に対応した個々のにおい地図が脳内につくられることで「〇〇のにおい」と識別できるのだ。

バラの主要な香気成分は、ゲラニオール、シトロネロール、フェニルエチルアルコール、オイゲノール、イオノンなどである。一方ジャスミンは、ベンジルアセテート、ベンジルアルコール、インドール、リナロールなどで構成されている。それぞれの主要成分が異なっているので、におい地図もそれに応じて異なったものが形成されるはずである。

一方で、香料原料になるバラの代表的な系統であるローズ・ダマセナ（ダマスクローズ）とローズ・センティフォリアを比較した場合、ほぼ同じ成分で構成されているが、フェニルエチルアルコールとゲラニオール、オイゲノールなどの成分比は異なっている。

そのようなちょっとした比率差によっても香気は変化し、それぞれ個別の「におい地図」がつくられ識別される。だから私たちは、「ローズ・ダマセナは全体的に香りが強くフルーティな甘さが特徴的だ」とか、「ローズ・センティフォリアはふんわりとした優しいハニー感がある」というように、同じバラの香りでもちょっとした違いを認識して記憶することができるのだろう。

いろいろなにおいを嗅げば嗅ぐほど、頭の中に無数の「におい地図」が張り巡らされていくと思うと不思議で楽しい。

香りと記憶の関係

なぜ香りやにおいは記憶されるのか

私たちは、蚊取り線香のにおいを嗅いで子どもの頃の夏の夕暮れを思い出したり、キンモクセイの香りに秋の風を感じセンチメンタルになったりする。これは遠い昔その時期に体験した感情が、香りと一体となって脳に保管されているからである。

においを感じ記憶することで、生命が営まれてきた生き物の進化の歴史を考えてみると、嗅覚は、人間にとっても必要不可欠なものである。においがどのように脳の中で記憶されているかは、謎に包まれた部分も多いが、心惹《ひ》かれる「香りと記憶の関係」について探ってみたい。

嗅覚の豊かな可能性

生き物の「嗅ぎ分ける力」

嗅覚は、空気中のにおいの分子を鼻腔上部の嗅上皮にある嗅覚受容体がキャッチし、神経を通じて脳に伝えることによって生じる感覚で、もっとも本能に近い機能と考えられている。においを感じ、記憶することは、多くの生き物にとって生きていくうえで欠くことのできない生体の仕組みである。

非常に鼻が良いとされる犬は、約８００種類の嗅覚受容体遺伝子をもっており、人間の約2倍である。脳は、遺伝子の数以上に複雑なにおいを認識できると考えられるので、実際には人間の数千倍も嗅覚が優れているといわれている。

犬が敏感に嗅ぎ分けられるにおいは、酢酸（アセティックアシッド）と吉草《きっそう》酸（バレリックアシッド）である。これは、人間の汗に含まれている成分だ。人間と暮らすようになった犬が、飼い主のにおいを記憶し嗅ぎ分けるため、これらの成分に敏感になったと考えられている。さらに、犬はもともと狩猟のために飼われてきた歴史があり、動物の放つにおいからさまざまな情報を得ているのではないだろうか。

犬を上回るのはアフリカゾウで、人間の約5倍の約２０００種類の嗅覚受容体遺伝子をもっており、動物の中でももっとも嗅覚が優れているという。数十kmも離れた水源のある場所のにおいを嗅ぎ分けて移動する、あるいはケニアの民族集団のにおいを民族ごとに記憶し、狩猟する民族を避けるように行動しているという報告もある。

このように、危険を回避するため、食料を確保するためなど、生きていくうえで欠かすことのできないにおいの情報は脳で保管されているのである。

さまざまなにおいの情報は、視覚や聴覚が発達した現代の人間には、生死に関わるほど重要性は高くないのかもしれない。しかし太古の昔は、夜闇《やあん》の中で身を守るために、獣のにおいをすぐさま察知しなくてならなかった。自分たちの命を守るため、危険に関するにおい情報は記憶され、瞬時に行動を起こすための判断材料としていたのである。

ところで、香料で使用するアニマルノートは糞尿臭《ふんにょうしゅう》や獣の毛のようなにおいを感じさせるものも多く、強度によっては嫌悪感があるが、どこか懐かしさや温かみを感じさせる。これは人間が獣や動物と関わってきた長い歴史が背景にあるからかもしれない。

香りはどのように記憶されるのか

「香りと記憶」の結びつきは、私たちの脳の仕組みと関係がある。

人間の五感の中でにおいを感じる嗅覚だけが、記憶をつかさどる海馬という脳の部位にほぼ直接的に信号を送ることができる。嗅覚でインプットされた情報は、大脳辺縁系という脳の部位へ信号を送り、そこにある海馬や扁桃体が活性化される。

海馬は直近から過去2年ぐらいまでの短期の記憶を蓄積する保管庫のような役割をもっており、においの情報は海馬から大脳皮質（大脳の表面に広がる灰白質の薄い層）に伝わりインプットされる。においの情報は脳のあちこちに格納されるのである。

また、大脳辺縁系の一部である扁桃体は、喜怒哀楽などの情動反応と記憶を固定する働きがある。つまり、においはさまざまな感情とともに記憶されていくと考えられる。

においを察知するとほぼ同時に、その該当するファイルを見つけ出し、そのときに感じた喜怒哀楽などの感情、結びついた出来事、情景までもが呼び起こされるという。そのため、においを嗅いだ瞬間にその記憶とそのときの感情までもがよみがえるのである。

いわゆる「プルースト効果」（259ページ参照）である。

においを感じる嗅覚と脳のメカニズムを活用すれば、記憶を呼び起こす目的で、それに関するにおいを嗅ぐという積極的な行動を起こすこともできるだろう。最近ではこのような嗅覚と脳の関係性を踏まえて「認知症の改善」を目的とした芳香療法も研究されており、症状の改善が報告されている。

これは、植物天然香料などの薬効的な香りの力ももちろんあるのだろう。けれども、人間の脳がもっている仕組み自体に、香りを活用する働きがあるのかもしれない。

香りと人体の繋がり

香りの心身への効果

「レモンの香りを嗅ぐと頭がすっきりして仕事がはかどる」「紅茶の香りはゆったりとくつろいだ気分になる」、また「バラの香りに包まれると心地よく優雅な気分になる」「カレーのにおいを嗅ぐと食欲が増す」など、においに脳が反応し、さまざまな感覚や感情が喚起される。

脳は感情や思考、生命維持など、神経活動の中枢である。においはその脳に直接働きかけて、心身のバランスを整える力を引き出す作用があると考えられている。においとともにさまざまな感情が記憶され、呼び起こされる人間の脳のメカニズムが解明されてきたことをきっかけに、においが心身に及ぼす効果についても研究が進められている。

たとえば、嗅覚受容体遺伝子の仕組みを利用して悪臭を感じにくくする研究がある

（267ページ参照）。また、においが脳を活性化させることによって、脳の血流量がどのように変化するかをｆＭＲＩ（磁気共鳴機能画像法）で測定することや、ストレスによって増加する代表的なストレスホルモン・コルチゾールの変化も計測できるようになり、ストレスとにおいの関係を研究するのに役立っている。最近では、近赤外線を用いて痛みや危険をともなわずに脳の部位ごとの働きを調べる光トポグラフィーによって、脳機能を測定する研究も進んでいるという。

　これまで、その効果・効能が明らかでなかったアロマセラピーの植物療法でも、これらの研究が大きく役立つのではないかと思う。今後、香りが心身に与える影響や効果に対して、科学的根拠が明確になれば、緩和治療や未病対策などへの活用が期待できるかもしれない。

現代まで生きるアロマセラピー

国を問わない植物の活用

世界に目を向けると、アロマセラピーが医療として認められている国は、フランスやベルギーがある。病院で植物精油を治療に使用したり、薬局で植物療法の資格をもつハーバルセラピストに相談しながら精油やハーブを購入することができる。他にもインドでは、紀元前からアーユルベーダが医学として確立され、植物の芳香成分が治療に用いられてきた。

これら植物芳香療法が、人々の心身の治療や病気予防にどのように関わってきたのかを掘り下げてみたい。

アロマセラピーと人類の３０００年にわたる歴史

アロマセラピーを「植物の精油や香気成分を心身の健康のために活用すること」と定義づけると、古代エジプト時代の植物の香油まで一気にさかのぼる。お香、マッサージ、スキンケア用だけでなく、殺菌作用のある没薬《もつやく》（ミルラ）や乳香（オリバナム）をミイラづくりの防腐剤にしたり医薬品としても使用しており、すでにアロマセラピーのようなことがおこなわれていたといえる。有名なツタンカーメン王の墓が開かれたとき、封をされていたポットや容器が３０００年以上の時を超えて発見され、その中に入っていた乳香やスパイクナード（甘松）、キフィ（複合香）の軟膏《なんこう》はまだ香りが残っていたそうである。

古代ギリシャ時代には、花や葉の芳香成分を抽出した香油のマッサージによる治療や病気予防がおこなわれていた。ギリシャ医学を発展させたヒポクラテスも、植物やハーブの有効成分について記している。


アロマセラピーに欠かせない植物の精油は、水蒸気蒸留法や圧搾法などでつくられる（１８１ページ参照）。この水蒸気蒸留法が確立されたのは中世のアラビアだという。バラ、クローブ、コリアンダー、ペパーミントなどの薬効が記された医学書と、精油を用いた医療が、徐々にヨーロッパ圏に広がっていった。

アロマセラピーの世界でいう「精油」とは、植物の花・葉・種子・全草・木などから得られる液体を指している場合が多い。英名がエッセンシャルオイルなので、精油と訳されているが油脂ではなく、植物のさまざまな部位の特徴的な香りの化合物を含んだ油溶性かつ揮発性で水には混和しない天然の植物成分である。

ちなみに香料業界では、ラベンダーなど水蒸気蒸留法で得られたもの、レモンオイルなど圧搾法で得られたものを「精油」（エッセンシャルオイル）と呼んでいる。その他の溶剤抽出法で得られるものは、アブソリュートと呼ばれ区別している。この章では、アロマセラピーでいわれているように植物から得られた香りのある成分全般を「精油」と呼ぶことにする。

14世紀、イタリア・フィレンツェにあるサンタ・マリア・ノヴェッラ教会では、修道院内で栽培したラベンダーなどのハーブや花から抽出したものを薬剤として使用しており、こうした精油や植物を用いた医療が西洋ルネッサンスで花開いていく。

さらに時代が下って近代になると、フランスのモーリス・ガットフォセによってアロマセラピーは体系化される。

ガットフォセ家は香料会社を経営しており、あるとき彼は実験でやけどを負った。その際に使用したのが、伝承療法として傷の治療に用いられているラベンダー精油である。やけどの傷を浸したところ治りが早まったため、精油に何らかの治癒力があると考えた彼は、植物精油の研究に取り組み始め、１９３７年に『Aromathérapie』（芳香療法）』を出版する。この著書がアロマセラピーの原点となり、精油を用いた治療法が確立された。

「アロマセラピー」という言葉も、ガットフォセにより、ギリシャ語のアロマ（芳香・香り）とセラピー（治療）を組み合わせてつくりだされたものである。

その後、フランスの軍医ジャン・バルネが医師という立場で精油を医療現場に初めて本格的に導入した。その臨床経験と、効果・効能の検証をもとに『Aromatherapie（日本語版タイトル：ジャン・バルネ博士の植物＝芳香療法）』が１９６４年に著された。


フランスおよびベルギーで医療行為として認められる「メディカル・アロマセラピー」が発展してきた背景には、香水に使用される花やハーブの精油の生産が盛んだったことに加えて、モーリス・ガットフォセ、ジャン・バルネの功績が大きい。この２人がおこなった精油の抗菌や薬理作用の研究とその応用が、アロマセラピーを民間療法から脱却させた。

一方、イギリスで発展したのが「ホリスティック・アロマセラピー」である。ホリスティック・アロマセラピーとは、植物精油を使用して病気を予防したり、心身の健康やリラクゼーション、ストレスの解消などを目的とする療法である。

日本では植物精油を薬剤や医療に使用するには制限があり、アロマセラピーの定義もあいまいだが、その理由の一つは、その導入・発展の経緯がどちらかというとイギリスの影響をより強く受けているせいだともいえる。

また、医療というより美容やリラクゼーションを目的とした施設が多く、アロマセラピストには国家資格・公的資格がないため、知識や技術にバラつきが大きいという現状がある。心身に対する精油の効果は個人差があり、専門的に学んだ人でないと、使用法によっては肌などに副作用を起こしてしまう例もあるという。

しかし、今後日本でも香りを含めた精油の効果を医療や未病の予防に活用していこうとする気運が、医療従事者を中心に高まっている。特にアロマセラピーは、現代西洋医学では治りにくい、予防しにくい症状に効果がみられる点で注目されているという。

香りが心身に与える作用

アロマセラピー療法では、精油を経鼻（嗅ぐ）、経皮（マッサージなどによる皮膚吸収）、経口（ハーブティーなどによる飲用）などにより身体に吸収させる。投与のしかたによって、吸収経路や生理および薬理作用が異なるといわれているが、まだ精油の成分が人体に取り込まれるメカニズムについては解明されていない点が多い。

ここでは、これまでにおこなわれた精油の身体に与える影響の基礎研究から、精油の香りが脳を刺激して心身に与える作用について紹介していく。

心理系（情動）への作用

精油の香気成分は嗅覚で「情報」としてインプットされ、大脳辺縁系という脳の部位に信号が送られる。すると、そこにある海馬や扁桃体が活性化される。

人の感情や情動をコントロールしているのが、大脳辺縁系の扁桃体である。扁桃体を活性化した電気信号は、大脳辺縁系の神経細胞に働きかけ、不安感や、ストレスによる気分の落ち込みなどに改善効果が期待できる。

心理系への作用が期待できる精油：

オレンジ、マンダリン、レモングラス……気分のリフレッシュ、不安の緩和。

レモン、ローズマリー、タイム……精神の集中、気分を明るくする。

カモミール、サンダルウッド、サイプレス……鎮静作用、リラックス効果、不安の緩和。

自律神経系への作用

精油の香気成分の情報は、脳幹を経て自律神経系に作用する。自律神経系が乱れると、疲れやすさ、不眠、不安感などの心身の不調が出やすくなるという。精油の香気成分は交感神経と副交感神経のバランスを整え、自律神経の不具合を調整する作用がある。

自律神経系への作用が期待できる精油：ベルガモット、ラベンダー、オレンジ、マジョラム。

内分泌系（ホルモン）への作用

内分泌系は、身体のさまざまな機能の調節や制御をおこなうホルモンをつくって分泌している。ホルモンはメッセンジャーとして働き、身体のそれぞれの部位の活動をコントロールしているが、この指令を出しているのは視床下部である。においの情報は海馬や扁桃体のある大脳辺縁系に伝わり、さらに視床下部に伝達される。

視床下部、下垂体から信号が伝わると、成長ホルモン、甲状腺刺激ホルモン、副腎皮質ホルモンなどの分泌が刺激される。それにより身体の恒常性が保たれると考えられる。

内分泌系への作用が期待できる精油：クラリセージ、ゼラニウム、イランイラン、ローズ。

免疫系への作用

免疫系の調整もまた視床下部がコントロールしていると考えられている。視床下部の神経から出る情報は自律神経を刺激して、骨髄が造血する働きを調整する。骨髄の中で、赤血球や白血球などの血液細胞のもとになる細胞がつくられ、臓器に運ばれて行き、免疫系の調節に関わっている可能性のあることが最近の研究で明らかになったという。

そのため、視床下部を活性化する精油の香気成分は、免疫系の働きを向上させることが期待できる。

免疫系への作用が期待できる精油：ティートリー、ユーカリプトス、ラベンダー。

認知機能への作用

現在、多くの企業や医療関係者が注目しているのが、認知機能の向上への効果である。すでに、一定の効果がみられるなどの研究結果が報告されている。

先に述べたように、大脳辺縁系と視床下部は神経性の連絡をおこなっており、においの信号が伝達される。精油の香りを嗅ぐことで、アルツハイマー病などで変性がみられる大脳辺縁系や視床下部に刺激となる情報が届けられ、機能が衰えた部分を活性化させることができるのではと考えられている。

認知機能への作用が期待できる精油：ローズマリー、オレンジ、レモン。

アロマセラピーとアロマコロジー

アロマセラピーとは別に、「アロマコロジー」という言葉がある。アロマコロジーは、芳香を意味する「アロマ」と、生理心理学を意味する「フィジオ・サイコロジー」を合わせた造語である。1986年に、ニューヨークの嗅覚研究財団の研究員によって提唱された。

アロマセラピーが「植物の精油や香気成分を心身の健康のために活用する療法」であるのに対して、アロマコロジーは植物精油に限らず合成香料も含めて、「香りの生理・心理的効果」による香料の活用を指している。QOL（クオリティ・オブ・ライフ、生活の質）向上のために、広く香りの効果を生かそうとするものである。

アロマセラピーの「セラピー」は治療を意味することから、どうしても医療的効果を期待されてしまう。しかし、日本では、アロマセラピーで「香りの生理・心理的効果」をうたうことはできない。そこで、不調を抱えた人だけでなく健康な人も対象にして、新しい香りの活用法を表す言葉が求められ、誕生したのがアロマコロジーである。

また、従来のアロマセラピーは精油の香りを嗅ぐだけで心身に良い影響が出てくるといわれていたが、生理・心理的な効果をもっと科学的に評価・測定しようという動きがあった。そのように香りの効果を科学的に実証したものをアロマコロジーとして区別している。

アロマコロジーの効果の評価方法としては、以下のようなものが提案されている。

① 心理質問用紙を使用して、香りを嗅いだときの印象や気分の変化を測定してリラックス度などを測定する方法

② 目を閉じた安静時に出現するα波や、活動時のβ波を測定して、脳の活動状態と香りの関係を明らかにする方法

③ 眠気や目が覚めた状態など、意識の覚醒の度合いごとに、香りとの関係を明らかにする方法

④ 香りを嗅いだときに活動している脳の部位を調べる方法

⑤ 香りを嗅いだときの心拍数や血圧を測定して、その影響を調べる方法

⑥ 唾液中などのホルモン（コルチゾール）濃度を測定して、香りとストレスや緊張状態との関連を調べる方法

⑦ 分泌型免疫グロブリン（Ig）Aや免疫細胞の活性度など、免疫関係の物質を測定することにより、ストレスと香りの関係を明らかにする方法

香水や化粧品、日用品などのアイテムは、医薬品のように「治療」を目的とすることは禁止されている。「医薬品、医療機器等の品質、有効性及び安全性の確保等に関する法律」（通称：薬機法）では、化粧品や医薬部外品に生理・心理的効果をうたって香料を使用することは、「治療」の一部であり、許されていない。

しかし、何らかの香りの生理・心理の実証結果のエビデンスをもとに、リラックス感のアップやストレス低減などの効果をアピールすることはできる。このような場合に、アロマコロジーが活用されているのだ。

精油を扱うときに気をつけたいこと

このように、人は太古の昔から多種多様な植物を採り入れ、その薬効成分や香気成分

を生活の中に生かしてきた。

植物には、生きていくために必要な光合成に加え、二次代謝をおこなうものがあり、植物の香気成分はこの二次代謝でつくられる（222ページ参照）。香りの誘因効果によって鳥や昆虫を引き寄せたり、忌避効果でカビや害虫から身を守ったりする。また、粘液性の精油を出して食べられないようにすると考えられている。その土地を動くことができない植物たちは、外敵から身を守り、種を繁栄させる手段として二次代謝産物を用いた化学戦略をおこなっている。

私たち人間は、植物がつくりだしたその大事な香気成分を使わせてもらっているわけだが、植物の精油であればすべて安心・安全というわけではない。植物精油の中には、「光毒性」や「感作作用」がある。皮膚に塗って紫外線に当たることでシミなどができたり、アレルギー反応が出てしまうこともあるのだ。香りを嗅ぐだけでも、強度によっては刺激に感じる場合もある。

最近は、芳香浴を目的としたアロマポットやディフューザー、マッサージ用のキャリアオイル、さらにさまざまな種類の精油がお店やインターネットで簡単に入手できるようになっている。それらを使いこなし、香りを楽しむためには、植物や精油について知ることもまた重要である。

第3章

調香師が創る香りの世界

香りを創造する調香師

調香師の役割

調香師は、香りのデザイナーでありクリエーターである。

香料素材の中からもっともイメージにふさわしいものを選択し、目標とする香りを創り上げていく様子は、心の中にある印象を絵の具でキャンバスに描き出す画家にたとえられることが多い。さまざまな素材と調味料を調和させて至極の一皿を創り上げる料理人と共通するところもある。

ときによって違った印象を感じさせる香水は、オーケストラが奏でるシンフォニーのようでもある。すると調香師は作曲家（composer）のような存在かもしれない。「compose」（作曲する）には、「構成する」という意味もある。

香水というファッショナブルなイメージから、調香師の仕事も華やかでアーティスティックな仕事だと思われがちだが、実は、調香という地道なワークを繰り返す、根気のいる仕事である。そこから、どのようにして人々を魅了する香水や生活の中に潤いをもたらす日用品の香りが生まれてくるのだろうか。

調香師になるまでの訓練から、創香の現場、香りの専門用語まで、ちょっと謎に包まれた香りの創造について紹介する。内容については、香料会社や香料学校によって異なることもあるのでご了承いただきたい。

調香師は鼻が商売道具なので、フランスではNez（ネ：鼻の意）と呼ばれる。一般的には英語名のPerfumer（パフューマー）と呼ぶことが多い。ここではパフューマーとする。

パフューマーの仕事

パフューマーとフレーバーリストの違い

パフューマーが働く香料会社は、香料を使って製品を生産するメーカーからの依頼を受け、お菓子、ドリンク、スナックなどのフレーバー用調合香料と、香水、化粧品、日用品などのフレグランス用の調合香料の製造・販売をおこなっている。香料素材については第5章で説明するが、天然香料と合成香料の一つ一つの単品香料を組み合わせたものを「調合香料」と呼んでいる。

フレーバー製品向けの香りを創る開発者を「フレーバーリスト」、それ以外の、口に入れないフレグランス製品向けの調合香料の開発者を「パフューマー」と呼んで区別している。

意外に思われるかもしれないが、パフューマーやフレーバーリストに公的な資格や認定というものはない。パフューマーは、香料会社やフレグランス製品メーカーの専門職なので、企業内でパフューマーと認められなければ名乗ることはできない。近頃、SNS上で自称「調香師・パフューマー」という方を見かけるが、本来は、調香の訓練を十分に受け、香料原料と製品の知識をもち、法規の順守や安全性の高い調合香料を供給できる企業に属する研究開発者のタイトルである。

すべての香りがカスタムメイド

パフューマーの主な仕事は、個々のオーダーに応じて１０００種類以上の合成・天然香料の中から必要な素材を選択し、配合率を示した処方箋《しょほうせん》（レシピ）を作成し、目標とする香りを仕上げていくことである。香水、化粧品、シャンプー、洗剤、柔軟剤、芳香剤、入浴剤……など、身の回りのあらゆる製品に使われている調合香料は、パフューマーたちによって創りだされたものである。

香水はもちろんのこと、日用品向けの香りも製品メーカーのリクエストに応じて創る「カスタムメイド」である。なぜなら、香りはそれぞれ異なった製品の特長や機能をサポートする重要なアイテムであり、素晴らしい香りができたとしても、製品そのものの魅力をアップできなければ意味がないからだ。

次の項では、パフューマーが香料会社でどのように香りを創っているのか、その流れを説明したい。

創香開発の流れ

1　クリエーションチームの結成

化粧品、日用品メーカーから新しい香りの開発依頼が出されると、香料会社のクリエーションチームが始動する。まず、営業、エバリュエーター、マーケッター、パフューマーなどが集まり、プロジェクトについての作戦会議となる。

提示されたブランドやコンセプトから、どのような方向性の香りを提案していけばよいか、依頼メーカーがこれまでに出している香りの傾向や担当者の好み、最近の市場動向など、必要と思われる情報やデータを準備して戦略を立てていく。

エバリュエーターというのは、一般的には馴染《なじ》みのない業種だと思う。香料会社のクリエーションチームには、香りを創るパフューマーと、創られた香りを一緒に嗅いで評価するエバリュエーターという評価担当者がいる場合が多い。

エバリュエーターは、客観的にメーカーや消費者に近い目線で評価をおこなう。パフューマーは香り創りのスペシャリストであるが、自分なりのセンスで表現するので、思い入れが強くなりすぎてしまうことがある。そこをコンセプトの内容に立ち返って評価し、修正や提案をおこなうのがエバリュエーターの役目である。また、一つのプロジェクトに対して、2人、3人と複数のパフューマーが関わることもあるので、全体を取りまとめるコーディネーターの役割も兼ねている。

エバリュエーターには、香りの評価能力の他に、依頼内容や市場動向を把握する力、顧客とのコミュニケーション能力、チームをまとめる包容力など多くのスキルが求められる。

2 必要な情報を集めて創香に着手

さて、おおよその戦略が立てられると、いよいよ創香に入る。創香というのは、香水などのフレグランス製品に向けた香り創りのことで、この場合はチームでおこなうクリエーションワークをさしている。製品メーカーからの多種多様なリクエストに応え、スピーディな開発を必要とする現代では、香り創りはパフューマーだけがおこなうものではなく分業制になっている。

パフューマーとエバリュエーターで、コンセプトについての詳細な解釈のすり合わせをおこなうこともあるが、与えられたテーマが「優雅なバスタイムを演出する、ローズとサンダルウッドが香るリキッドソープ」というように香りのイメージが明確になっている場合、パフューマーの感性にゆだねられることも多い。

製品のコンセプトや香りの方向性以外で、創香開発に必要な情報は次のとおりである。

①製品カテゴリー・アイテム
②最終製品中の賦香率《ふこうりつ》
③目標価格
④法規・規制

①の「製品カテゴリー・アイテム」は、たとえば次のように分けられる。

・香水・オーデコロン（女性用、男性用、ユニセックス、子ども用）
・スキンケア（化粧水、乳液、クリームなど）

・ヘアケア（シャンプー、コンディショナー、トリートメント、パーマ剤、ヘアカラーなど）
・ボディケア（石鹸《せっけん》、リキッドソープ、ボディクリームなど）
・入浴剤（液体入浴剤、タブレット入浴剤、バスソルトなど）
・ファブリックケア（液体洗剤、粉末洗剤、柔軟剤、ファブリックミストなど）
・芳香剤（室内用・トイレ用、リードディフューザー、車用など）
・ホームケア（食器用洗剤、住居用洗剤など）

使う目的だけではなく、使用者の属性や製品基剤の特性などによっても香りは変える必要がある。

また、②の賦香率というのは、その製品の中にどれくらい香料が含まれているかを表す数字である。

④の「法規・規制」は、一般の方はあまり考えたことがないのではと思う。発売国や製品アイテムによって、次のような多様な法規等に合わせる必要がある。

・香水、化粧品、ヘアケア、ボディケアなど……薬機法（品質、身体への有効性や安全性の確保等に関する法律。61ページも参照）

・洗濯用洗剤、柔軟剤、芳香剤など……「化学物質の審査及び製造等の規制に関する法律」（通称：化審法）
・ＩＦＲＡ（イフラ：International Fragrance Association）……香料の国際組織の自主規制

その他、メーカー各社の規制、発売国、製品アイテムによっても変わってくる。

パフューマーは、パソコン画面上の処方箋を前にして、コンセプトに沿った「爽やかなシトラス系」「優しいフローラル系」など香りの方向性を考慮しながら、①〜④までの創香開発情報を踏まえ、単品香料の選択をおこない、配合量を決めていく。思い描く香りを目指して、それを構成するのに適切な香料を思い浮かべながら、香料同士の調和や適切な配合比を求めて、パズルをおこなうように頭を働かせている。

香りの処方箋は、香料名とその配合量がシンプルに並んでいるだけである。だが、骨格が決まり、次第に香りの関係性が創られていくと、全体のフォルムが見えてくる。調香とは、香りが立ち上がる順番（揮発性）をある程度考慮しながら、原料を組み合わせて調和させ、糸をつむぐように関係性を築き、さまざまな香りの形を構成することなのである。

3 実際の使用場面に沿って評価

処方が決まると、香料が配合され、調合される。この作業は、調合専用マシーンと調合担当者にお任せしている。最終製品のようにシャンプーや液体洗剤など、製品基剤に賦香された状態で、パフューマーのもとにサンプルとして戻ってくる。

それらのサンプルは、パフューマーとエバリュエーターによって評価がおこなわれる。評価は、主に嗅覚でおこなう官能評価である。各家庭などでの使用を想定した評価を進めていく。

柔軟剤であればタオルを洗ってしぼりたての香り立ち、その後の香りの変化、乾いた後の残香の強度などを確認する。

芳香剤は、評価ルームに香りを充満させて拡散と強さを、浴剤は風呂専用の評価ルームを使って、お湯に投入後の香りの広がりや数時間後の残香を確認する。

シャンプーやコンディショナーは泡立て、すすぎ、ドライヤー後の評価をおこなう。

そして香水の場合は、におい紙（ムエットまたはブロッター）と呼ばれる細長い評価紙につけて、つけたて、10分後、1時間後、数時間後と細かく香りの質と強度の変化をみていく。におい紙で良い評価であれば、実際に肌の上できれいに香るか確認する。

このように、香り立ちの良さ、持続性、残香性、安定性などの評価がブレないよう、製品アイテム別に評価方法と手順がしっかりと決められている。

評価の中でクリアできていない項目があれば、すぐにパフューマーが改良を試みる。エバリュエーター、パフューマーの双方が、リクエストされた内容に従って納得のできる香りに仕上がるまで、何度も試行錯誤を繰り返す。


評価と改良を繰り返さなければならない理由の一つは、香料と製品の基剤との関係にある。調合香料の賦香率（配合率）は、シャンプーで０・５〜１・０％、ボディソープで０・５〜１・５％、柔軟剤で０・５〜２・０％とあまり高くないので、製品基剤の影響を受けやすい。同じシャンプーでもＡの基剤ではとてもにおい立ちが良かったのに、Ｂでは基剤のにおいに負けてしまって香らない、ということはよくある。

製品基剤の活性剤の種類や酸性度（pH）、賦香率など、さまざまな条件の違いがあるため、その都度香料を開発しないと、香りの質、強さともに良好なものを仕上げることは難しい。そのうえ、製品の生産段階から各家庭で使用し終わるまで、製品基剤の性能や外観に悪い影響を与えてはいけないので、安定性のある調合香料を提供しなければならないのだ。

4 改良と調査をくぐり抜けて採用

パフューマーとエバリュエーターの改良作業が終了し、依頼メーカーに提出するサンプルが決まると、調合香料が法規等に合致しているかという最終確認が進められる。最終製品の形態と発売国に合わせてＩＦＲＡと各国の法規を守ることは、調合香料の安全性を担保するうえで欠くことのできないものである。

さらに近年では、アレルゲン物質の表示や環境配慮の観点から、安全性情報、ＳＤＧｓへの取り組みに関しての情報提供が求められることもある。これらを考慮しながら、安心・安全な香り創りをおこなっていかなければならない。

パフューマーを中心とした創香は、エバリュエーター、調合チーム、法規・規制チーム、応用技術開発チーム、営業・マーケティングのそれぞれスペシャリストたちが関わって完成されていく。

提案後、依頼メーカーが意向に合ったサンプルをピックアップする。クリエーションチームは、さらに完成度を高めるために、今度は依頼メーカーの担当者と改良をおこなっていく。そして、納得されたサンプルだけが、消費者調査やメーカー内の嗜好性《しこうせい》調査に進んでいくのである。

さて、この調査にてトップワンの結果が出せれば採用となる。採用枠が1つしかない場合、どんなに苦心した香りであっても2番手では落選となってしまう。クリエーションチームは、新しいテーマのたびにこうしたコンペティションに挑み続けているのである。

依頼テーマの発生から香料の採用まで、数カ月から1年程度の開発期間が設けられている。製品アイテムや販売の規模、調査の回数によって変化するが、この間、パフューマーとエバリュエーターは二人三脚で、要望に合わせた創香と改良をおこない、チーム全体がそれをサポートしていく。

試行錯誤の末に採用され、製品に配合された香りは、消費者の手に渡り、安らぎ、心地よさ、華やかさ、リフレッシュ感など、製品を使う楽しさを与えていく。

香料会社は、1つでも多くの製品の香料に採用されること、すなわち製品メーカーと協力して、香りを通して人々の生活を少しでも潤いのある、豊かなものにすることを使命としている。パフューマーはそのクリエーションの核となっている。

調香師になるための訓練と学び

香りのハーモニーは知識から生まれる

香り創りの難しいところは、美しいハーモニーを創り、製品に込めたメッセージを伝えることである。それぞれ特徴のある香りをもった香料同士を組み合わせて調和させ、懐かしく気持ちが安らぐような、あるいはこれまでに嗅いだことのない、驚きのあるような香りのフォルムを構成していかなければならない。

思いついた香料をどんどん重ねていっても、ハーモニーを創ることはできない。絵の具と同じようにいくつも重ねると香りも濁ってしまう。美しいハーモニーを創るには、一つ一つの単品香料の特性をよく知り、Aの香料とBの香料を5：5で組み合わせるとどのような香りが生まれるか、2：8の場合はどうか、さらにCの香料が加わるとどのように変化するのか、ある程度予測できなければならない。

どのようなハーモニーが生まれてくるかは、実際に自分で調合して嗅いで記憶するしかない。数百もある単品香料の香りと特徴の記憶、香料同士を組み合わせたときの香りの記憶、それらがパフューマーの知識とアイディアの源となって創造に結びついていくのである。

パフューマーの素質とは

嗅覚以上に求められる能力

パフューマーは、まず香りに対して相当の情熱をもっている人でなければ務まらないだろう。一日中、ほぼ処方箋の作成と評価を繰り返し、ときにはプライベートな時間でさえも、あれこれと香料の組み合わせを考えていたりする。

一つのテーマがやっと採用となって終わっても、またすぐに新しいテーマがやってくる。いくつものテーマを同時にワークすることもよくある。そして、イメージ通りに香りが創れないときや、コンペティションで落選することもあるので、タフな精神も必要である。パフューマーはいろいろなタイプの人がいるが、香りの素材や調香に関してはストイックでも、楽天的で、どんな場合でもクリエーションを楽しめるタイプの人が向いているといえる。

嗅覚に関しては、ある程度敏感な方が望ましい。しかし、たとえ犬並みの嗅覚をもっていたとしても、創造性、チャレンジ精神、そして忍耐強さがなければ続けていくことは難しいだろう。また、基本的な化学的知識も必要である。

これらの能力のうえに、素晴らしい自然の景色から、あるいは音楽からインスピレーションを得て、その感動を香りに表現していくような柔軟な創造性が求められるのである。

仕事を支える基礎

単品香料の習得

パフューマーになるための第一歩は、単品香料の香りを記憶することから始まる。単品香料の香りとその特性を覚えて、処方箋上で自由に操れるようにしていかなければならない。

単品香料は、ローズオイル、ジャスミンアブソリュート、ラベンダーオイルなどの自然から採取される天然香料と、主に石油を原料とするベンジルアセテートやヘディオンなどの合成香料とがある。香水や日用品向けの調合香料を創香するのに必要な単品香料の数は、５００種ぐらい。できれば、パレットとして使用可能なすべての単品香料は、ある程度把握しておきたい。

単品香料は、誰だって一度に数十種も記憶することはできない。そのため覚え方としては、1回に10種ぐらいを丹念に嗅いで、頭に浮かんだ印象をとにかくたくさんノートに記して香りと結びつけてゆく。

10%のエタノール、または溶剤に薄めたものをにおい紙につけて、直後、10分後、30分後、1時間後、数時間後、半日後、1日後の香りの変化も記録していく。

記録のメモは、たとえばAの香料は「草むらに寝転んだときのむっとする香り」、Bの香料は「歯医者さんのにおい」、Cの香料は「杏仁豆腐の甘い香り」など。何度も繰り返し嗅いでいるうちに、これは草むらの香りだからトリプラール（グリーン系香料）、歯医者さんのにおいがするからオイゲノール（スパイス系香料）だ、というように浮かんだ印象や過去の記憶と香料名が結びついてくる。

また、多くの種類を嗅いでいくと、フローラル系、グリーン系、ウッディ系などの大きな香りのカテゴリーに分類ができるようになってくる。さらに「フローラル系の中でもシトロネロールやゲラニオール（ともにフローラル系香料）は、ローズのグループに属し、爽やかさやグリーン感が違う」というように、ちょっとした香気の差を識別できるようになる。こうして嗅覚と記憶が次々と結びつけられ、香りの引き出しを増やしていくのである。

不思議なもので、すぐに記憶できるものもあれば、何度嗅いでもなかなか覚えられないものがある。30種類ぐらいを学んだら必ず確認テストをおこない、定着度合いをみていく。

確認テストを何度もおこなっていくうちに、嗅覚が鍛えられ、嗅ぎ分けや覚え方のコツがつかめてくるようになる。単品香料の習得は、香気を記憶すると同時に、その香料の特性を学んで調香に役立てていくために不可欠である。

主要な天然香料と合成香料の一覧とともに、それぞれの代表例を挙げておく（84～85ページの表1・86ページの表2）。

香りの基本的な分類と表現

それぞれの単品香料がどのような香りのカテゴリーに属するのか、分類を学ぶことは、系統立てて記憶するうえでとても重要である。香りにたずさわる仕事では、この分類を「香調」と呼んでいる。

単品香料は、表1のようにフローラル、グリーンなど大まかな香調に分類される。数多くの単品香料を組み合わせた調合香料は、1香調では表現しきれないので、複数の香調を繋げて「フローラル・グリーン・シトラス」などと表す。この場合、メインの香りは花の香りのフローラルで、次に特徴的な香りが緑をイメージさせるグリーン、さらにアクセントとして柑橘《かんきつ》系のシトラスが香る、というように全体の香りを表している。

香りの情報は、このような香調表現を使ってやりとりされている。香調は、その香りの全体像をつかむ「顔」のようなものといえる。

まずは、単品香料の習得の基本となる香り分類を説明していく。

シトラス（Citrus）

柑橘の爽やかで新鮮な果実の香り。

種類：レモン、オレンジ、ライム、ベルガモットなど。柑橘類の天然香料または合成香料。

アルデヒディック（Aldehydic）

脂肪族アルデヒドの香り（脂肪族アルデヒドに属する炭素数7から12までのもの）。脂肪臭、

香調		代表的な香料
ウッディ	天然	サンダルウッドオイル、セダーウッドオイル、パチュリオイル、ベチバーオイル、ガイヤックウッドオイル
	合成	セドロール、ジャバノール、バクダノール、イソイースーパー、ベルトフィックス
アンバー	天然	ラブダナムアブソリュート、システオイル、システアブソリュート
	合成	アンブロクサン、アンブリノール、カラナール、デキストランバー、ティンベロール
バルサミック	天然	バニラアブソリュート、ベンゾインシャム、トルーバルサムレジノイド、トンカビーンアブソリュート、オリバナムレジノイド
	合成	バニリン、シンナミックアルコール、クマリン
アニマル	天然	コスタスオイル
	合成	インドール、スカトール、インドレン、パラクレジルフェニルアセテート、インドフロールクリスタル
ムスキー	天然	アンブレットシードオイル
	合成	ガラクソリド、トナリド、エグザルトリド、ムスコン-L、アンブレットリド

※「〜オイル」は水蒸気蒸留法による。「〜アブソリュート」「〜レジノイド」は溶剤抽出法で、後者は特に樹脂系素材などのものを指す（181ページも参照）。

表1　主な単品香料

香調		代表的な香料
シトラス	天然	レモンオイル、オレンジオイル、ライムオイル、 ベルガモットオイル、マンダリンオイル
	合成	リモネン、シトラール、シトロネリルニトリル、 ゲラニルニトリル、レモニル
アルデヒド	天然	なし
	合成	アルデヒド C-9、アルデヒド C-10、アルデヒド C-11LENIC、 アルデヒド C-12L、アルデヒド C-12MNA
フルーティ	天然	カシスアブソリュート、ダバナオイル
	合成	アリルヘキサノエート、エチル 2-メチルブチレート、 ラズベリーケトン、γ-ウンデカラクトン、α-ダマスコン
グリーン	天然	ガルバナムオイル、ガルバナムレジノイド、 ヴァイオレットリーブスアブソリュート
	合成	シス-3-ヘキセノール、トリプラール、スティラリルアセテート、 カロン、リファローム
ハーバル	天然	ラベンダーオイル、ラバンジンオイル、ローズマリーオイル、 アルモアーズオイル、クラリセージ、ゼラニウム
	合成	カンファー、アネトール、ユーカリプトール（シネオール）、 ハーボキサン、チモール
フローラル	天然	ローズオイル、ローズアブソリュート、ジャスミンアブソリュート、 イランイランオイル、チュベローズアブソリュート
	合成	フェニルエチルアルコール、ゲラニオール、ヘディオン、 ベンジルアセテート、ヒドロキシシトロネラール、イオノン-α
スパイシー	天然	クローブオイル、ベイオイル、ブラックペッパーオイル、 シナモンバークオイル、ジンジャーオイル
	合成	オイゲノール、メチルオイゲノール、アセチルイソオイゲノール、 シンナミックアルデヒド、クミンアルデヒド

表2　天然香料と合成香料の例

天然単品香料の例

ベルガモットオイル　Bergamot Oil

分類	ミカン科
産地	イタリア・カラブリア州、モロッコ、ギニア
採油部位	果皮
製法	果皮の圧縮
香調	シトラス、ピール感（柑橘の皮）、爽やかさをもつ
成分	リナリルアセテート（35 ～ 50%）、リナロール（20 ～ 30%）、リモネン（30 ～ 40%）、シトラール、ゲラニオール、その他ベルガプテン、ベルガモテンなどのフロクマリン類を含有する（フロクマリン類は皮膚に対して光毒性を示すので除去する）
用途	香水（男性用・女性用）、オーデコロン、化粧品、その他日用品の調合香料。トップノート（94ページ参照）に使用

合成単品香料の例

シス-ジャスモン　cis-Jasmone

〈構造式〉

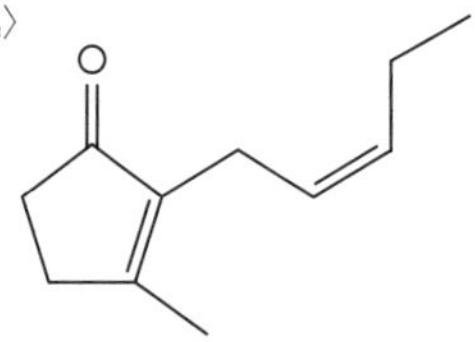

(Z)-3-Methyl-2-(pent-2-enyl)cyclopent-2-en-1-one

香調	フローラル（ジャスミン様）、スパイシー、フルーティ
特徴	天然ジャスミンに存在する特徴成分。淡黄色の粘性液体
用途	フローラル系調合香料（香水、日用品全般）、ジャスミンタイプの調合ベース。ミドルノート（94ページ参照）に使用

汗臭のようなツンとする刺激臭がある。

種類：ものによってフローラル調、シトラス調、グリーン調の香気がある。合成香料のみ。

フルーティ（Fruity）

柑橘類以外の果実。フルーツのジューシーな甘さと爽やかさのある香り。

種類：アップル、パイナップル、ピーチ、ペア（洋ナシ）、ベリー類、メロンなど。合成香料が主である。

グリーン（Green）

草、葉、茎など緑を想起させる香り。

種類：このカテゴリー内でも、葉のにおいを強く感じるリーフィグリーン、海や水を想起させるマリングリーン、トマトの葉やピーマンの野菜の青くささを思わせるベジタブルグリーンなどがある。天然香料と合成香料がある。

ハーバル（Herbal）

ハーブ類、薬草や草原を想起させる香り。
種類：ラベンダー、ローズマリー、カモミールなど。バジル、タイム、セージなどの香草類を区別して**アロマティック**（Aromatic）と分類することもある。天然香料と合成香料がある。

フローラル（Floral）

花または花のような甘さやグリーン感をもつ華やかな香り。
種類：ローズ、ジャスミン、ミュゲ（スズラン）、バイオレット（スミレ）、カーネーションなど。特にローズ系（バラ、シャクヤク、ゼラニウムなどフェニルエチルアルコールを特徴成分とする）とホワイトフローラル系（ジャスミン、オレンジフラワー、チュベローズ（月下香）などインドールを特徴成分とする）は大別されて表現することが多い。天然香料と合成香料がある。

スパイシー（Spicy）

スパイスのピリッと刺激のある香り。
種類：クローブ、ペッパー、シナモン、ナツメグなど。比較的天然香料が多く、天然スパイス類の特徴成分を人工的につくった合成香料もある。

ウッディ（Woody）

木や森林の落ち着いた重厚感のある香り。
種類：ベチバー、セダー、サンダルウッド（白檀《びゃくだん》）、パチュリ（シソ科の多年草）など。天然香料と合成香料がある。

アンバー（Amber）

この香りの分類は、アンバーグリス（竜涎香《りゅうぜんこう》。マッコウクジラの腸内結石で、甘くドライでウッディな香りをもつ）から由来する。

種類：ラブダナム（システ）などの植物性天然香料と、アンバーノートをイメージさせるドライで重厚感のあるメタリックな香りをもつ合成香料がある。現在、アンバーグリスはほとんど使用されておらず、ほぼ合成香料。

バルサミック（Balsamic）

バルサム（木、草木から採取した芳香性樹脂）類の甘く、重厚で、保香性の良い香り。

種類：バニラ、ペルーバルサム、トルーバルサムなどの天然香料、またはフレーバーにも使われるバニリン、クマリンなどの合成香料がある。

アニマル（Animal）

動物または動物臭を想わせ、動物特有の濃厚で獣くささを感じさせる香り。

種類：シベット（霊猫香）、カストリウム（海狸香）など、動物の分泌物からの抽出物と、これらに近似した植物系天然香料。またインドール、スカトールなど糞臭《ふんしゅう》を想わせる合成香料がある。動物系の天然香料は、近年はワシントン条約で取引が禁止されており、現在ほとんど使用されていない。

ムスキー（Musky）

麝香鹿《じゃこうじか》の雄の生殖腺の分泌物から抽出したものをムスク（麝香）といい、このムスクの香りに由来した香調。毛のような温かみ、弱い尿臭や動物的で官能的なにおいを感じさせる。

種類：現在、天然香料の使用はなく、ムスクの特徴成分であるムスコンなどムスク様の合成香料が多数ある。

香りを表現するボキャブラリー

目に見えない香りを表現する際は、香調の他にもイメージを言語に置き換えて伝えられる。たとえば「黄色やオレンジなどの暖色系で元気が出そうな香り」や「雲のような白くふんわりとした香り」などである。

表現するうえで心がけるポイントは、自分だけにしかわからない用語は使わないこと。「甘い」より「フルーツ」、フルーツより「アップル」、アップルより「グリーンアップル」など、より具体的な方が伝わりやすい。言葉を受け取った人が、ある程度イメージできるような香りの表現にすることである。

このような香りのボキャブラリーを使用しつつ、よりイメージをくっきりさせていくために、写真・イメージ画像などのビジュアルや、実際に商品として販売されている香り（たとえば「ディオールの「ジャドール」（J'ADORE）のような透明感」）など、すでにあるもので伝えることも有効である。

さまざまな香りについて、具体的には次のように言葉で表現する。

味覚：甘い・酸っぱい・苦い

触覚：やわらかい・かたい

オノマトペ（さらさら、ざらざら、つるつる、ギトギト、シュワシュワ、ペラペラなど）

色調：暖色系・寒色系、明るい・暗い

色（赤、ピンク、オレンジ、青、緑、黄、白など）

感覚：すがすがしい、心地よい、ゆったり、落ち着く、ワクワク、パワフル、はれや

か、軽い・重い、ふんわりとした・どっしりとした

たとえ：～のような

最近は、シャンプーや柔軟剤など、さまざまなフレグランス製品に、言葉の表現で香りのタイプが記されている。消費者もそれを確認して、自分に合いそうなものを購入している。これらは調合香料の香調情報をもとに、商品をつくるメーカーが、消費者の心に響くようアレンジしたフレーズである。

香りの「構成」を意識する

香料は、化学の視点でいえば、分子の炭化水素数、官能基*6の種類、立体異性*7など、さまざまな要因によってにおいが変化するが、その中でも、人がにおいを感じるのは分子量約30～250の揮発する化合物である。第2章の「鼻からの情報が伝わるまで」で説明したように、空気中に揮発した香気成分が嗅覚受容体に結合してはじめて、脳がにおいとして認識する。

また、香料は構成されている化合物によって、分子量、蒸気圧などが異なり、蒸発速

度も変化する。蒸気圧が高いほど揮発性が高くなる傾向があり、そのため空間に香りが速く広がっていく。

しかし、「ベルガモット／ラベンダー／ローズ／ムスク」で構成された香水が、肌の上で順番にベルガモット→ラベンダー→ローズ→ムスクと単独で香っていくわけではない。最初からすべての香りは存在するが、揮発速度の一番速いベルガモットが最初は強く香り、次に揮発速度の速いラベンダー、次にローズの香りが感じやすくなる。そして比較的揮発速度の緩やかなムスクが最後まで肌の上に残っている、というイメージである。

このような揮発の速度（香りの感じ方の違い）によって、香料素材は「トップノート」「ミドルノート」「ベースノート」の大きく3つに分けられる。

トップノートは揮発性が高く、香りの初めの印象を決定づける香調である。シトラスやグリーン、フルーティなどの香料素材が多い。

ミドルノートは揮発性が中程度で、フローラルなど香りの中心的役割をもつ香料素材である。

ベースノートは、揮発性は低く全体の香りの土台となる香料素材で、最後まで残るようなウッディ、アンバー、バルサミックなどの香料グループである。香水では肌にほんのりと香る残り香などがそれに当たる。

図4　調合香料の構成

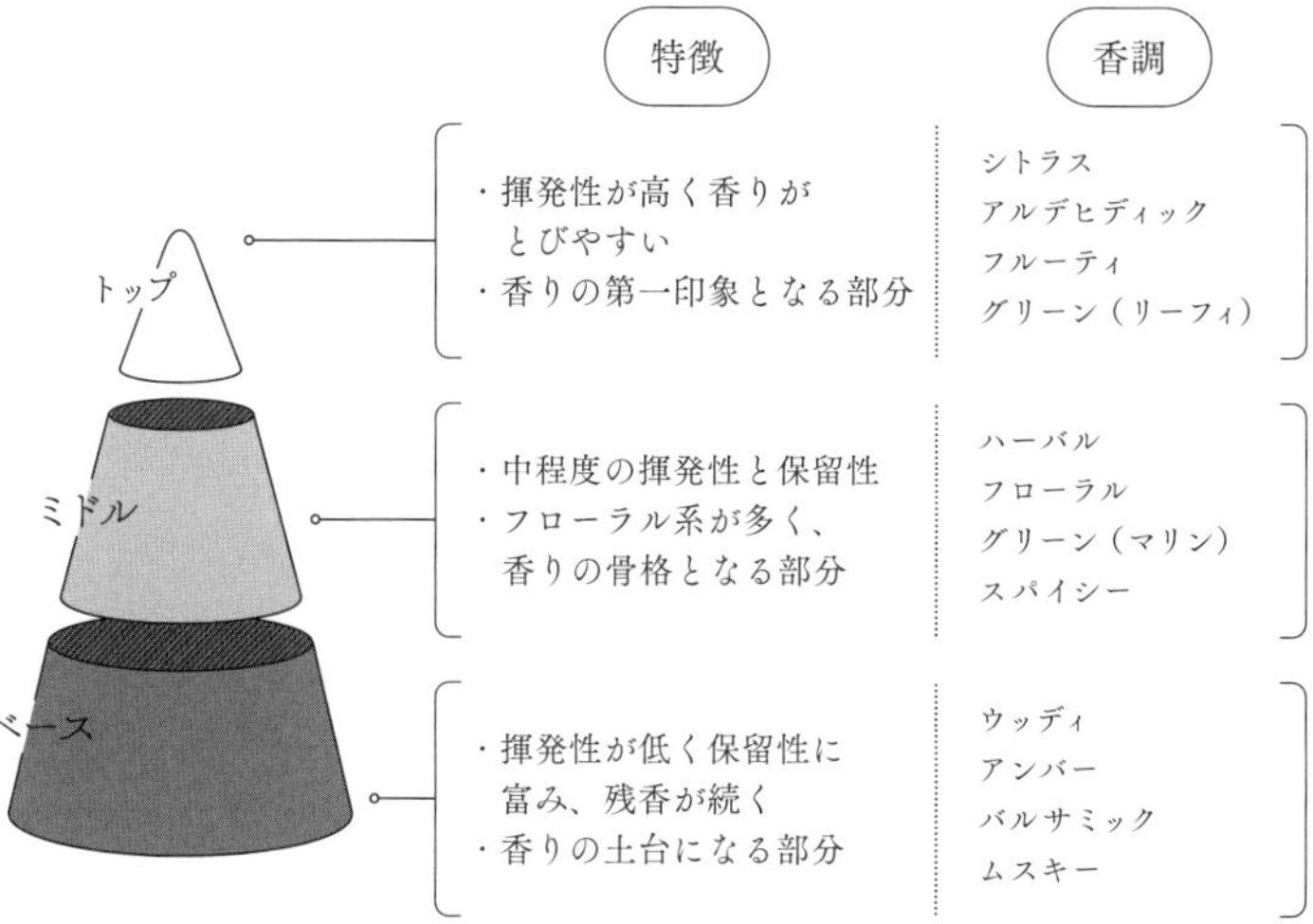

　パフューマーは、それぞれの単品香料のトップ、ミドル、ベースの分類を把握し、香水であれば肌の上で3〜6時間きれいに香りが流れるように、シャンプーやボディソープであれば、泡立て時や洗い流しているときにきちんと香るように構成を考えていく。先ほど説明した単品学習においても、においの記憶と同時にそうした分類をしっかりとインプットすることが、調香するうえで必要となってくる。

　トップからベースまでの分類について、調合香料の構成を図4に示す。

アコードのバランスを習得する

　アコードとは、「調和すること」である。香料の世界では、2種類以上の香料素材の香りがバランスよく調和していることを「アコードがとれている」と表現する。

調香をおこなう際に、適切な単品香料を選択することは重要だが、それだけではイメージした香りを創ることはできない。単品香料がバランスよく配合されてはじめて、パフォーマンスの良い魅力的な香りになる。これは料理の場合と一緒である。塩が多すぎたり、辛味が効きすぎていたりすると、美味しい、と感じる枠から外れてしまう。そうならないように香料素材同士が釣り合いのとれた最良の比率を見つけ出さなければならない。

アコードを学ぶことを通して、単品香料自体の特性や、香料と香料のあいだに形成される関係を把握していくことができる。また、さまざまな香りのタイプごとに、適切で心地よく感じるバランスがどういうものなのかを嗅覚で習得していくことにもなる。

初期段階では、5〜6種の単品香料を組み合わせたシンプルなアコードからスタートし、慣れてきたら10種以上で学習を進める。アコードの学習では、調香をおこなっていくうえで欠かせない基本の香調であるフローラルや、その他ベースとして使用する香調タイプを対象に学んでいく。具体的には以下のようなものになる。

・フローラル（シングルフローラル）

ローズ（ローズオイルタイプ、ローズアブソリュートタイプ）、ジャスミン、ミュゲ（スズラン）、ライラック、ヒヤシンス、バイオレット、チュベローズ、ガーデニア（クチナシ）、カーネーション、イランイラン、オレンジフラワー

・フローラル（その他）

フローラルアルデヒド、ブーケフローラル

・ベースタイプ

ラベンダー、グリーン、オーデコロン、ウッディ、アンバー、レザー、ムスク、アニマル、アップル、ピーチ、カシス、ベリー

・香水の骨格となるタイプ

シプレー、アンバー（オリエンタル）、フゼア

たとえばローズオイルタイプのアコードを学ぶのであれば、お手本となるアコードの香りと、次ページの表3のようなざっくりとした構成要素が提示される。これらの単品

表3　ローズオイルタイプのアコード（例）

核となる香料 （70～80%）	フェニルエチルアルコール、シトロネロール、ゲラニオール、ネロール
アクセントとなる香料 （20～30%）	オイゲノール、ローズオキサイド、アルデヒド、リナロール、ダマセノン、エステル類

香料の香りをじっくりと確認し、全体で１００％になるように配合比を決めていく。

香料会社やパフューマーにもよるが、処方のトータルは１０００とすることが多いようである。香料は１kg（１０００g）単位でやり取りされるため、製造面の都合も考えて慣習化されたと思われる。

処方箋が完成したら調合し、お手本の香りと比較する。嗅いでみて、ゲラニオールのやわらかいローズ感が足りないようであればもっとアップさせ、オイゲノールのメディカルで甘い香りが気になるようであれば減量していく。一つ一つの香料素材の特性を確認しつつ、全体の香りをお手本に近づけるよう試行錯誤を繰り返すことで、嗅覚とバランス感覚が訓練されていく。

有名香水を再現する

調香の学習は、絵画や音楽など、その他多くの学びと同じように、優れた作品を模倣することも大事なステップとなる。すなわち、数々の有名香水をお手本として、絵画でいえば模写するように再現（コピー）をおこなう。「シャネルN°5」（CHANEL N°5・1921年）をはじめとして、長く人々に愛されてきた香りには、その香水が属する香調（この場合は香りのジャンル）の基礎的な骨格、独創性、普遍性など学ぶべきことが多い。

学習用に準備した「シャネルN°5タイプ」などの簡略版を教材とすることもあるし、オリジナルの香水をお手本とする場合もある。単品香料の習得が修了したタイミングで、嗅覚のみで香水の再現をおこなうことは、その後の香り創りをおこなっていくうえで大変役に立つ。どんなに科学技術が進んでも、調香の仕事の土台にあるのは人の嗅覚と感覚なのだ。

まずは、全体の香りをにおい紙につけてよく嗅ぐ。そして香りの構成がどのようなものなのかを把握する。さまざまなフローラルの組み合わせなのか、シトラス、ハーバル、ウッディを組み合わせたフゼア調なのかなど。すると、各パートに配合されているであろう香料素材の「顔」がぼんやりと見えてくる。

次に、香りを時間差で確認していく。トップノートは30分程度で感じにくくなるので、「30分前に香りをつけたにおい紙」と「新たにつけたにおい紙」とを比較すると、トップノートを構成している揮発性の速いシトラス、エステル系のフルーティ、リーフィグリーン、アルデヒドなどを感じることができる。同様にして、全体を嗅覚で分析していく。いくつか単品香料の目途がついたら、配合量を検討し、実際に調合をおこなう。香りを確認して、どうやら間違いなさそうだと思ったら、指導者に処方箋をチェックしてもらう。正解した単品香料についてはさらに正確な配合量をつめていき、そこでまた調合をおこない香りを確認する。これを繰り返して、一歩一歩お手本に香りを近づけていく。

お手本の香りの複雑さにもよるが、再現が完了するまでに数週間から1カ月程度かかる。非常に集中力と根気のいる学習であるが、香りを嗅ぎ取る力と解析力は格段にアップしていく。

実際の調香で学ぶ

これまでの学習過程を無事に修了し、担当指導者に認められた候補生のみがジュニアパフューマーとして次の段階に進んでいける。マネージャーの判断により、少しずつ実際のプロジェクトに参加していくのである。

はじめは、提出の期限内に香りを仕上げられず、一つのサンプルも出すことができなかったというような悔しい思いをすることもあるが、徐々に調香のスピードも上がり、いくつかのプロジェクトを並行して進めていけるようになっていく。

この段階では処方の引き出しは当然少ないので、創香のアイディアソースとなるような花やフルーツ、その他植物などのアコード学習や、新しい香調の参考になりそうな香水の再現は、仕事の合間を縫って独自に続けていかなければならない。そういったたゆまぬ探究が、美しい香りの表現に繋がっていくのである。

パフューマーにとって、熟考を重ね香りを生み出し、幾度となく改良をおこない採用となって商品化されることは、何よりも仕事の原動力となる。そして、また新しい香り創りにチャレンジして、調香の幅を広げていくのである。

香料学校という選択肢

学校で香りを学ぶ

パフューマーとして働くには、香料会社やフレグランス製品メーカーに所属して訓練を受け、経験を積んでいくことが一般的なルートである。

近年、海外では、フリーとなり自分のブランドを立ち上げて成功している、才能あるパフューマーがいる。彼らも、もともとは香料会社に所属して多様な依頼テーマを手掛け、その中から数々のヒット香水を世に送り出していたのである。その才能は、基礎的な訓練をしっかり受け、さらに個人的な努力を重ねた結果であることは間違いない。

大手の香料会社に所属して社内のパフューマー研修センターなどで訓練を受ける以外にも、次のような香料や調香を学べる学校がある。

・**ISIPCA**（Institut Supérieur International du Parfum, de la Cosmétique et de l'Aromatique alimentaire　通称：イジプカ）香水・コスメティック・食品フレーバーの国際高等学院

所在地：ヴェルサイユ（フランス）

・**GIP**（Grasse Institute of Perfumery　通称：ジップ）グラース香水学院

所在地：グラース（フランス）

・**日本フレーバー・フレグランス学院**

所在地：東京（日本）

香りビジネスに触れられる学校

　私が、１９８８年から１９９０年まで学んだＩＳＩＰＣＡ（次ページの写真１）について、少し古い内容になってしまうが、学習カリキュラムや学校生活などを紹介していきたい。ＩＳＩＰＣＡは、香水、化粧品、食品フレーバーに関する香料と調香を学ぶ学校である。もともとは１９７０年にジャン＝ジャック・ゲランによってＩＳＩＰとして設立され、１９８４年にパリの商工会議所（ＣＣＩＰ）が教育マネジメントと資金を支援し、Groupe ISIPCA が誕生した。

　２００４年に、ヴェルサイユ大学とパートナーシップを組んで大学院生のプログラムをつくり、２０１６年には、最大手の香料会社であるＩＦＦ（International Flavors & Fragrances）と提携し、マスターコースを創設するなど、変革しながらも、香料を学ぶための権威ある教育機関となっている。

　１９８０年代後半の段階で、すでにＩＳＩＰＣＡ出身のパフューマーが、多くの香料会社に在籍していた。現在も、ＥＵで一番売れている香水「ラヴィ・エ・ベル」（LA VIE

EST BELLE・2012年）の作者の一人であるアンヌ・フリィポや、「ル・マル」（LE MALE・1995年）の作者フランシス・クルジャン、「レディミリオン」（LADY MILLION・2010年）の作者の一人であるブリューノ・ジョヴァノヴィックなどの卒業生が第一人者となって活躍している。

おもしろい点は、香料会社、化粧品メーカー、香水ブランドをはじめとする500以上の企業が協賛しており、学年によってサポートしてくれる企業が変わることである。私の学年は、ニナ・リッチがプロモーションになった。そのため、授業の一環でパリ郊外の広大なニナ・リッチの香水工場を訪れて、大きな熟成窯《がま》や、名香「レール・デュタン」（L'AIR DU TEMPS・1948年）の香料が香水瓶に入れられて金糸で瓶口が巻かれる様子を見学したり、パリの本店で、ニナ・リッチの歴史やマーケティングの講義を受けられた。今振り返っても、日本ではなかなかできない体験だったのではと思う。

また、2年間のカリキュラムに2度の企業研修が組まれており、研修先は自分で探さなくてはならないことも、この学校ならではの特徴だった。必死になって履歴書を送り、拙《つたな》いフランス語で面接も受けた。

学校側は外国人でも特別なケアはしてくれない。しかし、それが自分の道を切り開いていく修行の第一歩であったことが今となっては理解できる。実際、2年目はタカサ

写真1　ISIPCAの門の前にて

ゴ・ヨーロッパ（パリ）にて調香研修をおこなうことができ、それがパフューマーの道に繋がったのである（写真２）。

毎日の学習内容

授業カリキュラムは、単品香料の習得、主要香水の習得、主要アコードの調香、香水・日用品向けの調香などがパフューマリーコースの専門科目だった。他にも、香料の知識、化学（香料化学、ガスクロマトグラフ分析、蒸留）、マーケティング、英語などの共通科目もあり、多岐にわたる業種に向けたカリキュラムが組まれていた。そのため卒業生は、香料会社、化粧品会社、食品関係など幅広い企業に就職している。

単品香料習得の講師は、フレグランスメゾンのアニック・グタールの専属パフューマーであるイザベル・ドワイヤン氏であった。彼女は、物静かで天然香料に造詣が深い人だった。ジャン・パトゥの「ジョイ」（JOY・１９３０年）は、品質の良いローズとジャスミンが融合した本当に素晴らしい香水、と語っていたのが印象に残っている。

２年間の集大成は卒業制作である。香水、化粧品、食品フレーバーの３コースで１つの大きなテーマを決めて、香水、化粧品、フレーバー製品を作製し、発表をおこなう。

写真2　タカサゴ・ヨーロッパでの調香の研修(上)。もう一人のISIPCAの研修生とともに(下)

私たち「ニナ・リッチ学年」は、クリムトの名画「接吻《せっぷん》」にインスパイアされた作品を作製した（写真3）。商品を創るように、香りは学生たちの中でコンペティションをおこない、現役パフューマーの指導を仰ぎ、ボトル選定からパッケージまで業者に足を運んだ。その結果、本格的なでき上がりとなった。短期間でしかも慣れない商品開発の作業は苦労したが、学生たちはみな大いに楽しんでいた。

　学校は、有名なヴェルサイユ宮殿から2kmほどの閑静なお屋敷街にある。もとは貴族の館だったと思われる瀟洒《しょうしゃ》な建物と敷地内に、教育施設を増設している。パリから20kmほど離れた郊外は緑が多く、においを嗅ぐのに疲れると、木の上をちょろちょろと走り回るリスを教室の窓から眺めたり、季節の移り変わりを鼻と肌で感じて気分転換をした。日本人は真面目だと言われるが、フランス人の学生はそれに劣らず勤勉で、几帳面な人も多く、よくノートを貸してもらった。わからないところは根気よく教えてくれるので、私も少しずつ外国での学校生活に馴染《なじ》んでいくことができた。

　入学当初、彼らの香水に関する知識や香りの表現が豊かなことに驚きを受け、同時に焦りも感じた。だが、考えてみれば、彼らは香水が発展し成熟してきた長い歴史をもち、豊富なワインやハーブ、香料の原料となる植物などに囲まれて成長してきたのだから当然かもしれない。同じクラスには、父親がパフューマー、天然香料会社の子息など、恵まれた環境の学生もいた。

ISIPCAでの学生生活は、パフューマーの調香訓練という観点からみると、ほんの入り口にしかならなかったかもしれない。しかし、私にとっては香りの文化、フィロソフィも含めて学び、体感できたとても貴重で濃厚な時間であった。

タカサゴ・ヨーロッパで、インターンシップをしていたときのことである。イヴ・サンローランの名香「ジャズ」（JAZZ・1988年）を手掛け、当時シニアパフューマーであった、故ジャン＝フランソワ・ラティ氏に言われた言葉がある。それは「パフューマーは謙虚じゃなければならない」。

そのときは、「私は謙虚な日本人だから大丈夫」、などと軽くとらえていた。しかし「謙虚」の本当の意味は、香料原料としっかり向き合い、

写真3　ISIPCAの卒業制作の香水

依頼者の意図、チームメンバーの意見をくみ取り、さらには使う人を思い浮かべながら、香り創りに反映させていかなければ、良いものはでき上がらない、ということである。私がその言葉を深く理解し、実行できたのは、7年ほど経ってからであった。

イメージを香りで表現する

香りを組み立てる「創香」

さて、プロのパフューマーの仕事に話を戻そう。

香水に象徴されるように、フレグランス製品はブランドが消費者に訴えたいコンセプトやストーリーを香りで表現して伝えなければならない。パフューマーは、どのようにしてそれらのイメージを香りに反映させていくのだろうか。

2001年に発売され、欧米と日本で売上トップ10入りのヒットとなったドルチェ&ガッバーナの「ライト・ブルー」(LIGHT BLUE)を例にあげて、創香のシミュレーションをしてみよう。

販売サイトにある香りの説明には、次のようにある。

『地中海とそこに降り注ぐ灼熱《しゃくねつ》の太陽をモチーフにして、官能的な魅力を表現しています。（中略）きらきらと輝くターコイズブルーの海に頭から飛び込み、聖なる香りで日焼けしたボディを包み込むようなものです。それはまぶしく輝く夏の日々と胸が高鳴るような刺激的な夕べ、温かな肉体とわきあがる情熱をイメージさせる香り。男と女の出会いの物語が、そこに表現されています』[*8]

それでは、「ライト・ブルー」の香りのコンセプトを例にとって、どのようにしてイメージを香りに変換していくか、創香の進め方を考えてみよう（以下は筆者が考えた香りの組み立て方であり、実際の過程・香りの構成とは別のものであることをご了承いただきたい）。

イメージから香りへの変換

ステップ1
提示されたキーワードから、香りに繋がるイメージを膨らませていく

「**地中海と灼熱の太陽**」
連想されるイメージ ↓ 紺碧《こんぺき》の海、輝く太陽、シチリア、洗練された大人のリゾート

「**きらきらと輝くターコイズブルーの海**」
連想されるイメージ ↓ きらめき、明るく緑みのある青、軽やかさ、透明感

「**胸が高鳴るような刺激的な夕べ、温かな肉体とわきあがる情熱**」
連想されるイメージ ↓ 高揚感、温かみ、セクシーさ、日焼けした肌

ステップ2
イメージワードを集約しつつ、具体的な香りのモチーフに繋げていく

・**紺碧の海、ターコイズブルー、軽やかさ、透明感**

⇓　透明感があり軽やかなアクアティックグリーンノート

・シチリア、洗練された大人のリゾート

⇓　シチリアレモンの香り、レモンチェッロ（レモンリキュール）の風味、地中海に咲くオレンジフラワー

・輝く太陽、きらめき、高揚感

⇓　喜びや明るさを与えるフルーティノート

・温かみ、セクシーさ、日焼けした肌

⇓　肌のなめらかさを感じさせるムスクノート、官能的な甘さのあるアンバーノート、温かみを感じさせるウッディノート

ステップ3
全体のバランスを考えながらモチーフの配合比率を検討する

香水にはトップノート、ミドルノート、ボトムノートがある。香りのモチーフをそれぞれに当てはめ、香水の魅力をもっとも表現できるバランスを考える。

今回の場合は、次のような配合比率にした。

・トップノート（20％）
輝くような太陽、イタリア、夏を想起させるフレッシュなレモンでインパクトを与え、喜びと明るさを与えるみずみずしいアップルやペアノートをアクセントに加えて、高揚感を盛り上げる。

・ミドルノート（40％）
地中海を思わせる、透明感のあるアクアティックグリーンノートと大人っぽいビターな甘さのあるオレンジフラワーのコンビネーションで、バカンスのリラックス感を与える。

・ボトムノート（40％）
日焼けした肌のなめらかさを感じさせるムスクノートをメインに、温かみやモダンさを感じさせるセダーウッドとアンバーノートで、官能的で情熱的な夕べを演出する。

　このようなステップで、イメージを香りに変換していくのである。仕事の現場では、このステップを頭の中でおこない、香りを組み立てていく。

　パフューマーは、一つ一つの原料の香りをほぼ記憶しているので、全体の構想が決まれば、頭の中で使用する原料を選び、配合量を決めていくことができる。もちろんときには、ピックアップした原料のいくつかを実際ににおい紙につけて、組み合わせや配合量を考えることもある。また、いくつかキーとなる原料を混ぜ合わせて、目指すハーモニーになるか嗅いで確認をおこなう。

「評価」を重ねて香りをまとめる

多方向から時間を置いて判断

香水などのフレグランス製品は、調合香料の配合量によって、パルファム（15～30％）、オードパルファム（10～20％）、オードトワレ（7～15％）、オーデコロン（2～7％）と名前が変化する。しかし、明確な定義はなく、香水メーカーや化粧品メーカーの販売戦略上、都合の良いように名称がつけられている。日本では、パルファムはもちろん、オードパルファム、オードトワレを含め、総称して香水と呼ぶことが多い。

評価は、先に書いたように、パフューマーとエバリュエーターが一緒におこなう。主な評価のポイントは次のとおりである。

・提示されたコンセプトにマッチした香りになっているか
・パフォーマンス（香りの広がり、香りのボリューム感、持続性）
・嗜好性は良いか（好み、受け入れ性）
・新しさのある香りになっているか

でき上がった試作品を、におい紙の先につけて評価をおこなう。一度嗅いで、すぐに評価を下すことはしない。つけたての香り、30分後、1時間後、5～6時間後と時間をおいて、香りの経過を確認していく。

評価ポイントをクリアした香りは、直接肌につけてみて確認をおこなう。そして、場合によって、さらに香りに明るさと広がりをつけるためにグリーンアップルを加えてみる、とか、ムスクをもっと増やして全体のボリューム感をつけるなど、パフューマーとエバリュエーターが意見を出し合い、目指す方向性を確認しながら改良を進めていく。

余談となるが「ライト・ブルー」の作者で、フィルメニッヒ社のマスターパフューマーであるオリヴィエ・クレスプ氏が、実際はどのように調香をおこなっているのか気になったので、思い切ってメールで尋ねてみた。すると、すぐに返信があり「私のクリエーションのスタイルは、数少ないファセット（物事のある一面）を切り取り、具象的でミニマルなものです」と書かれていた。なるほど、彼のヒット作である「エンジェル」（ANGEL・１９９２年）も「ライト・ブルー」も、ミニマルな素材の用い方でありながら、どちらも素材のもち味を十分に生かし、独創的で明確なメッセージが伝わってくるのである。

時代に合った香りを創るには

トレンドを意識する

ファッションは時代を映す鏡といわれる。香水やフレグランス製品も時代や世相を反映している。必ずしもファッションの傾向と一致しているわけではないが、各時代の風潮によって売り出される香調や受け入れられる香りが変化することは興味深い。

香水やファッション、または雑誌や広告など、クリエーションに関わる企業や人には、その時代を反映する製品を創り、それを使う人々に時代の息吹、新しさ、楽しさを感じてもらうという役目がある。また、ある製品がきっかけとなり流行が生まれるように、トレンドを起こすことも不可能ではない。

ところが近年のトレンドは、企業ではなく、インスタグラムやユーチューブなどのSNS発信からつくられていく傾向に変化していて、フレグランス製品も例外ではない。2010年頃までは「アクアティックグリーン」や「フローラル・フルーティ」といった大きなトレンドの流れがみられたのに比べて、最近では消費者の好みも多様化し、香りの傾向も、明確な特徴を当てはめることができなくなっている。細分化した好みに目を向けずに、すでにあるトレンドにのせてアレンジしていけば失敗が少ないだろうけれど、その反面、目新しさや独創性を感じさせることは難しい。

しかし、その時代を生きる人々の幸せをサポートするために、人々が何に興味をもち、世の中の流れはどう変化していくか、それによって何が必要になってくるかをリサーチし準備していくことは不可欠である。

マーケティング調査をどう生かすか

香料会社は、市場の動向を把握し、今後のトレンドを予測するために、一般消費者を対象にした嗜好性調査を各カテゴリーでおこなっている。マーケティング部門が中心となって、国別・世代別の香水嗜好性調査、商品カテゴリー別の嗜好性調査、香りとイメージに関する調査など幅広くリサーチする。

そのデータは、香料を創るクリエーションチームにも共有される。パフューマーとエバリュエーターは、調査結果からターゲットとなる世代や属性の好みの傾向、意識を読み取り、創香に反映させていく。単に、世の中の嗜好に合わせるのではない。重要なのは、読み取った情報をどのように香りに反映させていくかである。それはクリエーターたちのセンスにかかっている。

たとえば、Ｚ世代（１９９０年代半ば～２０１０年代生まれの人々）の間でキンモクセイの花が注目されそうなときに、プラムのようなフルーティ要素をたっぷり効かせた甘く愛らしいキンモクセイの香りを創るのか、濃厚なインドールを特徴とした生花イメージのキンモクセイの香りを創るのかでは、受け取られ方は違ってくるだろう。「キンモクセイ」というキーワードから、どう発想を展開していくかには、日頃から街に出かけてリサーチしたり、ＳＮＳの情報をチェックしたりと、世の中の風潮や社会のムードを意識することが欠かせない。そこから、ひらめきやアイディアが生まれてくる。

パフューマーに限ったことではないかもしれないが、さまざまなことに興味をもち、柔軟に発想を展開していくことが、人の心を捉える創造に繋がっていく。さらには自然、アート、音楽、料理といった日々の多彩な領域から刺激を受けることも大切にしたい。

＊6　有機化合物の性質を特徴づける原子団や結合様式のこと。

＊7　化合物の化学組成が同じではあるが、原子や原子団の立体的な構造が異なるために生じる異性。

＊8　香水販売サイト「L'ATELIER DES PARFUM」より引用。

第4章

人々を魅了する香水

人と香水の絆

５０００年前から香りは愛されてきた

人はなぜ香水をつけるのだろうか。一般的には、ファッションの一部として、デオドラント（消臭剤）の代わりに、または、個性を際立たせるためなどの理由が考えられる。

この問いをフランス人にすると、「香りは私の一部だから」とか「香水をつけなかったら一日が台無し！」といった返事が返ってきて、何をわかりきったことを聞くのだろう、という顔をされることが多い。子どもの頃から香り文化で育ってきた彼らにとって、香水は何かのためにつけるのではなく、最初からなくてはならないものなのだろう。

香りといえばまず香水を思い浮かべる方は多いと思う。嗜好品《しこうひん》でありながら、お酒と同様に紀元前４０００年、５０００年前から人々に寄り添い、定着してきた。

第4章 人々を魅了する香水

「香水」に当たる英語名は、Perfume（パフューム）で、仏語はParfum（パルファム）である。どちらもラテン語のPer Fumum（ペール フムーム）が語源で、古代に植物などを焚《た》いて煙を薫らせ、神に祈りをささげた宗教的儀式が起源となっている。

日本語の「香水」の語源はさだかではないが、中国語でも同じく「香水」という漢字が当てられているので、中国語由来なのかもしれない。「香る水」とは、端的でわかりやすく美しい名前だと、20代からずっと香水に関わってきて、今更ながらに思う。

香りの魅力を知るには、香水・香料のことを知るのが第一歩である。この章では、香水がどのように誕生し、広まってきたのか、香水の歴史と香りの系譜を紹介したい。さらに、香水が調香師たちによってどのように創り出されているのかを探っていく。

香水ヒストリー

香料の創成期

先に述べたように、香料は宗教的な儀式から使われ始めた。その後、香水がどのようにしてつくられるようになり、人々の間に浸透してきたのか、その歴史をさかのぼってみたい。

香料の使用は、紀元前５０００年頃の古代エジプトまで辿《たど》ることができる。カンラン科の木の芳香性樹脂である乳香（オリバナム）や没薬《もつやく》（ミルラ）を香炉で焚いて燻《くゆ》らせ、神を祀った焚香《ふんこう》が起源とされている。プトレマイオス王朝時代（ＢＣ３０４〜ＢＣ30）には、近隣諸国との香料の取引も盛んになった。

特にクレオパトラは、バラの香りの風呂に入り、バラの花びらから採ったローズオイルやムスク（麝香鹿《じゃこうじか》の香嚢《こうのう》から採れる香料）やシベット（麝香猫の分泌腺嚢から採れる香料）などの動物性香料を肌につけるなど、かなりの香り愛好家であったといわれている。エジプトには自生種のバラはなかったので、はるばるギリシャからもち込み、栽培を盛んにした。また、ムスクやシベットは、それぞれヒマラヤ山岳地帯、エチオピア周辺で採取される。この時代、すでに花や樹脂の植物系のみならず、動物系の香料まで入手して愛用していたことは、香りへの強い関心と執着がうかがえる。

古代エジプトから始まった香油の製法は、後にギリシャ、ローマへも広がっていき、ローマ文明で花開く。王侯貴族や富裕層はバラの香りの風呂に入り、バラの香油を身体に塗り、宴会の席をバラで飾るなどして贅《ぜい》を尽くした。古代ギリシャの長編叙事詩「イリアス」にも、女神アフロディーテが、トロイアの英雄ヘクトルの遺体にバラの香油を塗り、野犬から守ったというエピソードがある。また、19世紀の画家ローレンス・アルマ＝タデマは、ローマ皇帝ヘリオガバルスの伝説を元にして、大量のバラに埋もれて殺される人の姿を描いた「ヘリオガバルスのバラ」という作品を遺した。

近代的な香水に欠かせないアルコールは、10世紀頃にアラビアの学者・イブン・シーナー（アヴィケンナ）によって薬用として広く使用され始めた。アルコールには、消毒・殺菌作用がある。香料用としても、保存や素材を溶かす力に優れているなどの利点があった。

11世紀に入り、十字軍の遠征により東方の香料、スパイス、化粧品などがヨーロッパにもち込まれると、香料やその素材は国を越えて大きな価値をもつようになる。商工業の発達で力をつけたイタリアの商人たちは、イスラム商人やビザンチン商人を排除して、コンスタンチノープル（トルコのイスタンブールの旧称）を征服して東方貿易の覇権《はけん》を獲得した。その結果、アラブの文化が導入され、ヨーロッパでの香料産業が盛んになった。

14世紀から始まるルネッサンス時代の幕開けとともに、香料産業が急速に発展していった。イタリアでは、中世期以降、主に修道院でアルコールを用いた香水の製造がおこなわれるようになった。というのも、修道院では薬草を育てて薬をつくり、宗教儀式に使うワインをつくることが役目とされていたからである。ちなみに、創業８００年の歴史を誇るフィレンツェの老舗《しにせ》薬局サンタ・マリア・ノヴェッラのフレグランス製品は、13世紀頃に処方されたといわれるサンタ・マリア・ノヴェッラ教会のレシピに基づいてつくられているそうである。

その後ワインの蒸留が盛んになっていくと、並行してアルコールを利用した香水の研究が始まる。14世紀末には、ハンガリーのエリザベート女王によって、アルコールを用いた最初の香水がつくられた。このハンガリーウォーターは、ローズマリーをメインとした化粧水・芳香液のようなもので、オーデコロンの原型となった。

創成期は、香りや香料が神聖視されていたこともあり、宗教的儀式や時の権力者のみが扱うことのできる大変貴重なものであった。古代の人々にとって香りは神秘的で、彼らは現代人よりも強烈に陶酔、興奮、鎮静、安らぎなどを感じていたと思われる。没薬は、薫香剤や医薬品としても用いられたことから、当時すでにアロマセラピーのようなことがおこなわれていたと考えられる。

ヨーロッパで花開いた香水

15、16世紀には、ヨーロッパで上流階級を中心に香水の使用が広がっていった。このブームは、カトリーヌ・ド・メディシスの貢献によるところが大きい。ルネッサンスの絶頂期にあったイタリア・メディチ家出身の彼女は、フランス王室へ嫁ぐ際にイタリアからお抱《かか》えの調香師を同行させた。

彼女がもち込んだ、なめし革の手袋に香水を染み込ませた「におい付き手袋」は、フランス宮廷で大流行した。当時のなめし革には強いにおいが残っていたので、これを隠すためにムスク、シベット、アンバーグリス（竜涎香《りゅうぜんこう》）などの動物性香料が用いられたそうである。この「におい付き手袋」の流行に合わせて、手袋につける香水の製造が盛んになった。

その香水の製造拠点となったのが、南仏のグラースである。カトリーヌ・ド・メディシスは、お抱えの調香師たちに命じて、グラースの街に香料の製造を伝授させたといわれている。グラースにはもともと皮革産業の地盤があり、地中海の温暖な気候は、香料の原料となるローズ、ジャスミン、チュベローズ（月下香）、ラベンダー、ミモザなどの花々と、なめし革用の染料原料の栽培に適していたからである。

18世紀にはドイツのケルンで、イタリアから移住してきた化学者、ヨハン・マリア・ファリーナによって、柑橘系原料にローズマリーを加えた爽やかな香水が製造された。この処方が再現され「オーデコローニュ」（「ケルンの水」の意味）という名前で発売されると、ヨーロッパで爆発的なヒット商品となった。これが、「オーデコロン」（EAU DE COLOGNE）の由来となる。

その後、ベルガモット、レモン、ネロリ、オレンジ、プチグレン（ビターオレンジ）などの柑橘《かんきつ》系を主体に、オレンジフラワーの渋みのある甘さとローズマリー、ラベンダーなどの清涼感のあるハーブがアクセントになったものを総称して、「オーデコロン」と呼ぶようになっていく。

かのナポレオンは、ケルン市を占領した際に「オーデコロン」を大変気に入り、一日に何本も使うほど愛用し、フランスにも大量にもち帰った。男女問わずに使える爽やかな香りであったことからフランスでも大流行した。この「オーデコロン」の香りが、その後メンズ向けのフゼア調（１５４ページ参照）などに発展していくのである。

革命後のフランスでは、新しい時代の到来とともに、それまで王侯貴族のお抱えであった調香師たちが次々とパリに店を開いていく。１８２８年にピエール＝フランソワ・パスカル・ゲランが香水・石鹸《せっけん》・化粧水を販売し始めた。特権階級だけが楽しんでいた香水は、これまで縁のなかった階級の人々が新たな購買層となり、フランスの香水文化が花開いていく。

15世紀から19世紀の発展期は、香水の調合の基礎がつくられた重要な時期である。

実は、１７００年初頭の「オーデコロン」でも、当時の処方箋と原料が揃《そろ》えば、ある程度の再現は可能だ。調香の考え方と手順は現在とあまり変わらないのである。そういった意味では、料理と似ているところがあるかもしれない。調合香料の処方箋のことを「レシピ」と言うこともあり、さまざまな素材を組み合わせて調和を生み出すところは共通点が多い。

この時代の香水の発展には、やはりイタリア・ルネッサンス文化の後押しが欠かせない。香水を文化・芸術とみなし、ヨーロッパの宮廷に広めていったことで、現在のような香水が生まれた。香水が芸術的側面をもっているのは、印象や抽象的なイメージを表現したものということもあるが、宮廷や貴族の美意識の高い文化に擁護されてきた背景があるからかもしれない。

香水の歴史を語るうえで、素材の産地のことも忘れてはならない。

19世紀に入ると、グラースの香料製造会社の数は40以上に達し、香水・化粧品の普及とともに、香料の一大産地となった。周辺の畑は一年中材料となる花や植物で埋め尽くされ、香料に関わる多くの人が集まった。

今もグラースは香水の街として訪れる人が後を絶たない。

しかし、合成香料の台頭により20世紀後半から天然香料の栽培は減少し、外資資本が入り込んだことで中小の香料会社は吸収合併された。現在はロベルテ、ヴェ・マン・フィスの大手と、小規模な香料メーカー10社が残る程度になっている。
ところが近年になって、シャネルやディオールが、グラースの栽培農家と独占契約を結んでローズ、ジャスミンを栽培するなど、産地へのこだわりと地元産業への保全に力を入れていく動きも見られる。グラースに華やぎが戻ることを期待したい。

合成香料がもたらした新時代

19世紀初頭まで香水に用いる香料原料は、植物あるいは動物系の天然香料に限られていたため、大量生産ができず香水自体が高価だった。原料の組み合わせは、柑橘、ハーブ、花、動物系の数少ない原料を使用するしかなく、香りのバリエーションも限定されていたのである。

19世紀中頃の産業革命は、香料の世界まで一変させた。石炭産業の副産物を原料にして、さまざまな物質が人工的に合成されるようになったこと、そして天然香料の分析研究から、合成香料がつくられるようになる。

安定供給で手頃な価格の合成香料が市場に現れたことにより、香水の大量生産が可能になる。そして、これまでの天然香料にはない、新しい香りの合成香料が開発されるようになると、それらの合成香料を用いた斬新な香水が創られるようになっていった。こうして、合成香料と天然香料を組み合わせた複雑なフレグランスの調合スタイルができ上がっていくのである。

合成香料は、1834年にシナモン・バーク（シナモンの桂皮）オイルからシナモンアルデヒドが単離[*9]されたことを皮切りに、1876年にイギリスの化学者パーキンが、コールタールからトンカ豆の香り成分である甘くパウダリーな特徴をもつクマリンの合成に成功し、香水の新時代の幕を開ける。このクマリンを用いて、名作香水「フジェール・ロワイアル」（FOUGÈRE ROYALE・1882年）が創作された。

その後、ヘリオトロープの花の香気成分であるヘリオトロピン、バニラビーンズの主要な香気成分であるバニリン、クローブの香気成分であるオイゲノールなどが合成されるようになる。

19世紀後半には、20種の合成香料が調香師のパレットに加えられ、ユニークな香りが生み出されていく。とりわけ炭素数7～12の直鎖の脂肪族アルデヒドの化学合成は、天然香料にはない艶《つや》やかさ、香りの広がり、シトラスとフルーティが混じり合ったようなほのかな甘さがあり、これまでになかったモダンで革新的な香水を生み出していくきっかけとなる。

その代表的な香水が１９２１年に発売された「シャネルN°５」（CHANEL N°5）である。調香師エルネスト・ボーによって創作されたこの香りは、アルデヒドが効果的に使われ個性の強いものであったため、発売当初はあまり受け入れられなかった。しかし、他にはない新しさ、優雅さが認識されるにしたがって、世界中で愛用する人が増えていった。現代でもっとも有名な香水である。

合成香料の開発で特筆すべきは、ムスクの合成香料だろう。ムスクの香りは、肌の上に長時間残るので時間が経っても香りが続き、温かみをもち官能的な雰囲気がある一方で、組み合わせによっては清潔感を与える大変魅力的な香料である。

20世紀初頭に麝香鹿の生殖腺分泌物から単離されたムスコンは、１９２６年にレオポルト・ルジチカにより分子の構造が解明された。さらにムスコンの香りに似たエグザルトン、シベトンが合成された。ルジチカは、合成香料の構造決定と合成の功績により、１９３９年にノーベル化学賞を受賞している。

その後もニトロムスクのムスクケトン、ポリサイクリックムスクのガラクソリドなど、ムスク香料のバリエーションが広がっていくにしたがって、香水はもとよりさまざまなフレグランス製品に活用されていく。

１９６５年には、ジャスミンの微量成分であるメチルジャスモネートにヒントを得てつくられたといわれるヘディオンが工業化された。ジャスミン様の華やかさとみずみずしさ、持続性を兼ね備えたヘディオンは当初高価な素材だったが、エドモンド・ルドニツカによってディオールの男性用香水「オー・ソバージュ」（EAU SAUVAGE・１９６６年）に大胆に使われると、大ヒットとなり、ヘディオン自体も調香師たちに広く使用されることになる。

合成技術や分析方法の発達によって、多くの優れた合成香料が次々と登場した。今では３０００種以上の合成香料と天然香料を組み合わせてバリエーション豊かな香りを生み出すことが可能になったのである。

20世紀初頭には、製造技術も進歩し、次第に手頃な価格で香水を購入できるようになった。パリでは、ウビガン、リュバン、ゲラン、モリニュー、ダナなどが香水専門店としてオープンした。

第一次大戦後、オートクチュールで活躍していたジャン・パトゥ、シャネル、クリスチャン・ディオール、ニナ・リッチ、バレンシアガ、ロシャスが各社の服飾品のイメージに合わせた新しい発想の香水を創り販売に参入し始めた。香水の華やかさはオートクチュールのブランドイメージを高めるのにふさわしく、洗練された広告や香水ボトルの魅力も相まって瞬く間に流行していった。現在においても、シャネル、ディオール、ニナ・リッチなどのオートクチュールブランドは、香水業界を牽引《けんいん》する存在である。

そして、１９６０年頃から合成香料の発展とともに、香水のビジネス展開が一気に加速し繁栄期を迎える。ゲラン、シャネル、ディオールなどの既存ブランドに加えて、イヴ・サンローラン、ランコム、キャシャレル、エスティローダー、ラルフローレン、カルバンクラインといった欧米のブランドが競い合うように香水を発売した。

女性も男性も自分の好きな香水を選び、ときには贈り合って、純粋に香りを楽しむ時代となっていく。

時代をとりこにした香りの系譜

香水で見る時代の流れ

香水の歴史を簡単に紹介したところで、人々を魅了し、現代香水の香りの源流となりエポックメーキングとなったものについてお伝えしていきたい。各年代で、数多くの人気を博した香水があるが、ある程度時間が経たないと真価が見極められない場合があるので、いくつかの名香を中心に選出している。

時代背景とともに、素材の使い方や香りのカテゴリー、その時代における新しさのポイントを辿っていく。

1900～1950年までの女性向け香水

ミツコ（MITSOUKO）　ゲラン　1919年

19世紀後半から20世紀前半まで、ヨーロッパではジャポニズム文化が大流行し、当時の芸術界に大きな影響を与えた。

ゲラン一族のパフューマー、ジャック・ゲランは、モネなどの芸術家たちとも親交があった。あるとき、一冊の小説を入手する。それが『ラ・バタイユ』（戦闘）だった。ジャック・ゲランは、この悲恋物語のヒロインの女性ミツコにインスピレーションを受け、この香りが創られたといわれている。

特徴的な天然素材は、柑橘系のベルガモットとウッディノートのパチュリ（シソ科の多年草。湿り気のあるウッディノート）、オークモス（オークの木に生えるコケ類。土やレザー様の香り）である。これらの原料は、シプレー調という当時まだ新しかった香りのカテゴリーをつくるのに欠かせない素材である。そこにジャスミンやローズの優雅なフローラルと、工業化されたての合成香料、γ《ガンマ》－ウンデカラクトンという持続性に優れたピーチ系のフルーティノートを使用して、革新的な香りを創り上げた。

この時代、フルーティノートを使用した香水はほとんど存在していなかったので、さぞかし驚きをもって迎え入れられたことだろう。シプレーのやや男性的ともいえる凜《りん》とした骨格に、フローラルノート、フルーティノート、アニマルノートなどが情熱的な厚みを加えている。まさに蝶々夫人のミツコを表現した名香である。

この代表的なシプレー調の香りは、「ミス・ディオール」（MISS DIOR・1947年）、「カボシャール」（CABOCHARD・1959年）などに引き継

がれていく。

我が家に30年以上前に購入した「ミツコ」の香水があったことを思い出し、おそるおそるにおい紙につけてみた。エタノールが飛んでしまい、トップのシトラスやアルデヒド類も壊れてしまっていたが、しっかりと「ミツコ」の香りのキャラクターが感じられ存在感を放っていた。

シャネルN°5（CHANEL N°5）　シャネル　1921年

ガブリエル・シャネルは、初めての香水を創るとき、調香師であるエルネスト・ボーにこんな要望を出した。

「フローラルを中心とした香水は女性を神秘的に見せないから、もっと複雑で長続きする女性らしい香水を創ってほしい。すごく高価になってもいい」

エルネスト・ボーは、以前からアルデヒド類の研究と調香をおこなっており、それらの香りはシャネルの希望にうってつけであった。さっそく1番から5番、20番から24番の2シリーズの試作品が提示されると、シャネルは迷わず5番を選んだ。「5」はシャネルにとってラッキーナンバーであった。

「シャネルN°5」は、C－10～C－12までの脂肪族アルデヒド類を大胆に使用し、ローズ、ジャスミン、イランイラン、ムスクやパウダリーノートを組み合わせた、「フローラル・アルデヒディック」というこれまでにない香りだった。モダンでフェミニン、そして長続きする香り。エルネスト・ボーは、従軍して北欧にいたときに嗅いだ、白夜の湖畔の幻想的な香りがイメージになったと後に語っている。

こうして、N°5という数字だけの香水名、シンプルでシックなボトル、何もかも新鮮な香水は、徐々に大成功を収めていく。アルデヒドを効果的に使ったこの香りは、その後さまざまなフレグランス製品に応用されていくこととなる。

「シャネルN°5」のもう一つの特徴として、普遍性があげられる。この時代の香水は、廃版となっているものがほとんどであるが、再現されたものを嗅いでもやはり古典のイメージはぬぐえない。その点この香水は現役で、今でも欧米の香水販売のトップ10入りしていることは驚異的である。

これは、シャネルスーツにも共通する普遍性という美学が生きているからかもしれない。興味深いことに、「シャネルN°5」以外にも「クリスタル」（CRISTALLE・1974年）、「ココ・マドモアゼル」（COCO MADEMOISELLE・2001年）など、シャネルの香水には長く愛される香りが多い。

シャリマー（SHALIMAR）　ゲラン　1925年

女性らしく、官能的でエキゾチック、うっとりするような甘さを感じさせるアンバー調、またはオリエンタル調に分類される香りは、この「シャリマー」からスタートした。

「ミツコ」の作者でもあるジャック・ゲランは、インドの王家の伝説的なロマンスを東洋的なイメージで表現することを思いついた。ゲランの「ジッキー」（JICKY・1889年）にたっぷりのエチルバニリンを加えたものが原型といわれている。トップには、ベルガモットの爽やかなシトラスノートで引き締めるゲランら

しさを加えることも忘れなかった。

サンスクリット語で「愛の宮殿」を意味するシャリマーは、パリ万博で披露され、アメリカを中心に大成功を収める。時は『華麗なるギャツビー』が出版された狂騒の1920年代であった。以後「オピウム」（OPIUM・1977年）、「ココ」（COCO・1984年）、「オブセッション」（OBSESSION・1985年）などのアンバー調の名作の登場に繋がっていく。

ジョイ（JOY） ジャン・パトゥ 1930年

1929年の世界恐慌によって、高級ファッション市場は壊滅的な打撃を受ける。そんな中、香水販売に再起をかけたジャン・パトゥは、世界でもっとも高価な香水「ジョイ」を発表した。

アンリ・アルメラスによって創作された香りは、フレッシュなグラースのジャスミンをふんだんに使用し、ブルガリアンローズ、チュベロ

ーズ、イランイランなどの天然の花々のコンビネーションが素晴らしい。そこにイリス（アイリスの根）、官能的なムスク、温かみのあるサンダルウッドのボトムノートが加えられている。華やかで格調高い新しいフローラルタイプが「ジョイ」によって創られたのである。

喜びと優雅さをもたらすこの香水は、富裕層に受け入れられ世界に広まっていく。その後、「ディオリッシモ」（DIORISSIMO・１９５６年）、「パリ」（PARIS・１９８３年）などのフェミニンで愛らしい香水に影響を与えていく。香料業界では、もっとも好きな香水としてジョイをあげる人が少なくない。

ヴァン・ヴェール（VENT VERT）　ピエール・バルマン　１９４７年

VENT VERT（緑の風）のネーミングの通り、グリーンをはっきりとうたった香水が登場する。第二次世界大戦後に香水の開発が再開されて間もなくの誕生だった。女性が活動的になっていく世の中を象徴するような新しい風となった。

ベルガモット、ネロリ、バイオレットリーフのトップノートに、ガルバナム（セリ科の草木で深みと苦みのあるグリーンノート）を中心として、ヒヤシンス、ミュゲ（スズラン）、ローズ、ジャスミンなどのグリーンとフローラルを組み合わせた香りは、これまでにない颯爽《さっそう》とした自由な世界観を感じさせたに違いない。グリーンノートを強調することにより、爽やかさや香りの複雑さなど、多彩な表現が可能となった。

のちにガルバナムをアクセントとした「シャネルN°19」(CHANEL N°19・1971年)、「アリアージュ」(ALLIAGE・1972年)、「アナイス・アナイス」(ANAïS ANAïS・1978年)などフローラル・グリーン調のヒット作が数多く生まれていく。

このように、1900年から1950年頃までに、現在の香水において主要なフローラル、グリーン、アンバー、シプレーのカテゴリーができ上がったといえる。特にこの時代は、新しい合成香料が次々と開発されていたこともあり、いち早くその効果に気づいて研究をおこない、巧妙に取り入れた革新的な香りは時代をリードしている。

1980年以降にも新たな流れを創り出したユニークな香水が登場しているので、次の項ではいくつかを紹介する。また、女性用と比較して商業的に後《おく》れをとっていた男性用の香水は、1960年以降に活気を帯びてくる。こちらは、いわゆるメンズ系の基調を創ったフゼア調の香水を中心に紹介していく。

1900年代後半〜2000年までの女性向け香水

プワゾン（POISON） ディオール 1985年

イヴ・サンローランから1977年に発売された「オピウム」は、アヘンを意味するセンセーショナルなネーミングと、官能的でミステリアスなアンバー、スパイシーな香りが評判となり大成功を収める。

1980年代は、フローラル調とともにアンバー調の香水も数多く発売された。そこに、デ

ィオールよりエドゥアール・フレシェ作の「プワゾン」が登場する。「毒」というネーミング、紫色のリンゴのボトルから、いったいどんな香りが現れるのだろうとわくわくした記憶がある。

意表を突いたのは、熟れたブドウ、プラムを思わせるフルーティノートだった。これは、バラに含まれている香気成分β-ダマスコン、β-ダマセノンを合成した原料を大胆に配合し、ピーチなどの甘い香りのするラクトン類、シナモンなどのスパイス、チュベローズとの組み合わせによるものである。これまでトップノートからフルーティな香りが前面に顔を出すファイン・フレグランス（高級フレグランス）はなかったので、プワゾンが新しい領域を創ったといえるだろう。

バラ様のフローラルノートとコクのあるフルーティノートを併せもつダマスコンは、香りが持続し、その後のフルーティ、フローラルの表現には欠かせないキー原料となる。「プワゾン」が登場した当時の日本は、人々が刺激を求め、欲望に忠実なバブルの時代だった。一度嗅いだら忘れられない「プワゾン」の香りは、まるでこの時代を象徴しているかのようである。

エンジェル（ANGEL）　ティエリー・ミュグレー　1992年

ミュグレー自身のデザインによるブルーの星形のボトルで登場した「エンジェル」は、革命的な香りとなった。作者は、オリヴィエ・クレスプとイヴ・ド・チリンである。

オリヴィエ・クレスプは、幼少期のミュグレーのお菓子やホットチョコレートにまつわる思い出から着想し、その思い出をよみがえらせる香りを創るために、500回以上の試作を重ねたそうである。それは、ミュグレーのファッションのように大胆で、独創的なグルマン（甘いお菓子のような）の香りであった。

ひと嗅ぎすると、爽やかなシトラスノートとともに、チョコレート、キャラメルの香りがいっぱいに広がる。しかし、決して子どもっぽい甘さではなく、奥行きのあるクールな甘さである。この大人っぽいグルマンノートの表現を可能にしたのは、フレーバーでもよく使用する綿菓子のような香りのエチルマルトールという合成香料と

バニラ、パチュリのコンビネーションである。

女性用フレグランスで、ここまで思い切ってパチュリを使用した例はあまりないだろう。さらに、ベルガモットやオレンジですっきりとさせ、ジャスミン、ムスク、パウダリーノートで優雅さを出している。

「エンジェル」の香りが引き金となり、グルマン調という新たなカテゴリーが創られ、その後多くの美味しい香りを追求した香水が創作されていく。

それにしても、「エンジェル」のように好みが分かれそうなインパクトの強い香りを世に送り出した決断には敬服する。クセになる香りでもあるのか、フランスではいまだにトップ10の売上に入る愛好者の多い香水である。

ロー・ディッセイ（L'EAU D'ISSEY）　イッセイ・ミヤケ　1992年

イッセイ・ミヤケより初の香水「ロー・ディッセイ」（「イッセイの水」の意味）が発売されると、水をイメージしたピュアで透明感のある香りと、円錐形《えんすいけい》のシンプルなボトルが大きな話題を呼んだ。

においのない水をカロンという牡蠣《かき》のような磯の香りのする合成香料とジューシィな

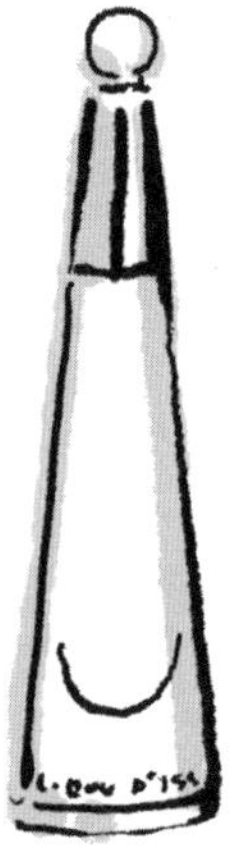

メロン、ロータスフラワー、ミュゲ、リリー、ムスク、サンダルウッド、アンバーなどと組み合わせ見事に表現したのは、ジャック・キャヴァリエである。彼はその後、「ブルガリ・プール・オム」（BVLGARI POUR HOMME・１９９６年）といったヒット作を手掛けている。

カロンという合成原料は、１９６６年に製薬会社ファイザーにより発見されたが、しばらくの間使用されず、１９９０年に「ニュー・ウエスト・フォー・ハー」（NEW WEST FOR HER）、１９９１年に「エスケープ」（ESCAPE）で使われ注目され始めた。その時点では、水の表現というよりメロンノートもしくは持続性の高いグリーンノートとして用いられていたようである。

「ロー・ディッセイ」は、水をコンセプトとしたことで、自然回帰の風潮にもマッチし大きな成功を収める。そして、マリン、アクアティック、ウォータリーといった新しい香りの潮流を創り出したのである。現在、マリンノートは透明感のある他のグリーンノートやフローラルノートと組み合わせて、男女問わず多くのフレグランスに用いられている。

余談になるが、前述の「エンジェル」も同じ1992年に発売されている。当時のパリの街は、タイプがまったく違うこの2つのセンセーショナルな香りと広告で溢《あふ》れていた。

ジャドール（J'ADORE）　ディオール　1999年

1999年に発売以降、仏語で「大好き」を意味するネーミングのごとく、多くの女性に愛され、欧米でトップ5にランクされ続けるディオールを代表する香水である。ところが、この香りの魅力を一言で説明することは簡単ではない。これまで紹介してきたような、新しい合成香料の使用やこれまでにない独創的な香調、というセオリーには当てはまらない香水だからである。

カリス・ベッカーによって創作されたこの香りは、ディオールが理想とする架空の花をイメージしている。みずみずしいジャスミンとチュベローズ、ローズ、バイオレットの華やかなフローラルブーケに、主張しすぎないアクアティ

ックノートと洋ナシ、メロンなどの爽やかなフルーティノートが見事に融合して、一つの花の香りのように感じられる。

モダンでグラマラス、繊細でありながらふくよかなフローラルの甘さが持続する。さらに官能的なムスク、清潔感のあるセダーウッド、バニラを配して、時間が経っても香りが大きく変化しない。絶妙なバランスで、上品な花の香りが持続するように工夫されているのである。

天然のフローラル原料を吟味《ぎんみ》し、優雅に調えられた香りは、我々に「女性らしさ」を思いださせてくれる。

発売から20年以上を経た今でも色あせていない。まさにエレガントという言葉がぴったりの香水である。

1900年代後半の男性向け香水

続いて、男性用ファイン・フレグランスの代表的な香りを3点紹介しよう。

オー・ソバージュ（EAU SAUVAGE）　ディオール　1966年

「香水ヒストリー」の項でも触れた「オー・ソバージュ」は、エドモンド・ルドニツカによって創作された。彼は、「ファム」（FEMME・1944年）、「ディオリッシモ」（DIORISSIMO）、「ディオレラ」（DIORELLA・1972年）など、現代香水の初期を彩る名香を創った偉大なパフューマーである。

当時まだ高価だった新しい合成香料のヘディオンを15%以上配合することにより、みずみずしく、ナチュラル感のあるジャスミン様のモダンなフローラルを創り出した。このフローラルノートをボディとして、レモン、ベルガモット、プチグレン（ビターオレンジ）のシトラスとビターフレッシュなローズマリー、ラベンダーのハーブが清涼感を与え、ベチバー、オークモス、アンバーの深みのある男性的なベースノートが全体を引き締めている。

「オー・ソバージュ」とは、フランス語で「野

生の水」の意味。その香りは、あくまでフレッシュでピュアである。ただし、ボディの豊かなフローラル感と肌残りの良いベースノートのコンビネーションが、これまでのオーデコロンタイプとは一線を画しており、男性向けシトラスタイプに高級感を与える香りとなり大成功を収めた。

この洗練された香りをパリジェンヌたちは放っておかなかった。「オー・ソバージュ」の愛用者の半分は女性だといわれ、ユニセックスフレグランスの先駆けともなっている。「オー・ソバージュ」は、ヘディオンの大胆な配合量と完成度の高さから、その後の男性用・女性用のファイン・フレグランスに大きな影響を与えていく。

パコ・ラバンヌ・プール・オム（PACO RABANNE POUR HOMME）
パコ・ラバンヌ　１９７３年

フゼア調の礎を創ったのが、「フジェール・ロワイアル」だとすればフゼア調を発展させたのは、「パコ・ラバンヌ・プール・オム」であろう。

フゼア調というのは、フゼア（シダ）のイメージを表現したベルガモット、ラベンダー、ゼラニウム、オークモス、クマリンをキー成分として組まれた香調カテゴリーで、フレッシュハーバルな爽やかさとウッディ、パウダリーな力強さを感じさせる香調である。フゼア調は、ゲランの「ジッキー」など、女性用も創作されていたが、男性向けで成功を収めたことにより、定着していくことになる。

作者のジャン・マルテルは、フゼア調の骨格に、ベルガモット、レモンのシトラスノートを多めに配して嗅ぎ口をより爽やかにし、クミン、シナモンリーフなどのスパイシーノートを巧みに使って、複雑さと甘さを引き出している。

また、フレッシュ感が持続する合成香料も積極的に用いている。軽やかで使いやすく洗練された香りは、アクティブでカジュアルに変化していく１９７０年代に見事にマッチし、世界中で大きな成功を収める。

「パコ・ラバンヌ・プール・オム」は、その後の男性用フレグランスを牽引し、「アザロ・プール・オム」(AZZARO POUR HOMME・１９７８年)、「クーロス」(KOUROS・１９８１年)など時代を代表する香水が生まれていく。この香水と「アザロ・プール・オム」によって、フゼア調が現代の男性用フレグランスの主流になったといえる。

さらに「ポロ」（POLO・1978年）など、シプレー調のカテゴリーにも影響を与えている。

日本では1980年代から流行となり、一時期パコ・ラバンヌのファッションは知らなくても「パコ・ラバンヌ・プール・オム」の香りは知っている、というほど浸透していた。

クール・ウォーター（COOL WATER）　ダビドフ　1988年

ダビドフは、スイスの有名なシガーブランドである。「高品質にこだわる高級葉巻たばこ」というブランドイメージを生かし、1988年に「クール・ウォーター」を発売して香水市場に旋風を巻き起こした。

このフレグランスが、香水の歴史に名を刻むほど成功すると、発売された当初に予想していただろうか。30年以上経った今でも欧米を中心に人気が高く、女性の愛用者も多いのは、爽やかさを際立たせた斬新な香りと「ク

ール・ウォーター」というコンセプト、ネーミングが見事に調和したからであろう。

作者はピエール・ブルドンで、フゼアの骨格に、ベルガモットとともにジヒドロミルセノールというシトラスグリーンタイプの合成香料をオーバードーズ（通常よりも大量に配合すること）で用いている。さらに、アリルアミルグリコレートというパイナップルを思わせるフルーティノートをトップに配して、ジューシィなフルーティノートと爽やかなシトラスグリーンが持続する新しいトップノートを創り上げた。

ジヒドロミルセノールは、男性用フレグランスには欠かせない素材となった。みずみずしいフルーティノートのアレンジも、男性用としてはこれまでにないモダンな味付けであった。

これからの香水市場はどうなるか？

1990年以降、香水市場はハイブランドだけでなく、カジュアルファッションブランドやスポーツブランド、さらには有名な俳優の名を冠した香水やスポーツ選手プロデュースの香水まで発表された。

また、「プワゾン」を例にとると、「ヒプノティック・プワゾン」（HYPNOTIC POISON・

１９９８年）、「ピュア・プワゾン」（PURE POISON・２００４年）など「フランカー」と呼ばれる、ヒット香水の姉妹品が展開されている。「オピウム」からは「ブラック・オピウム」（BLACK OPIUM）が２０１４年に登場して大変話題になった。

季節限定のサマーバージョンなどの企画品は、各ブランドとも積極的に制作されている。このように、姉妹品や企画品が多く登場した背景には、若年層の取り込みや、開発・製造・販売のスピード化が考えられる。

こうした市場の流れにより、２０００年代は新規品、フランカー製品、企画品など、多くの製品が発表されるようになった。香水はより身近なものとなり、特別な高級品というイメージは薄れてきたものの、活気のある状況が継続されてきた。

２０００年以降、新たな変化を起こすきっかけとなったのが、ニッチ系フレグランスの台頭である。ニッチ系というのは、もともとは市場の「隙間」を指し、ややマニアックなものやユニークなものを好む購買層を対象とした製品である。ジョー・マローン・ロンドン、トム・フォード・ビューティ、ディプティック、ペンハリガンが代表的なブランドだといえる。

ニッチ系香水は、普通の香水ブランドとは違い、基本的に大掛かりな宣伝をせず、市場調査もしない。それは、広告や宣伝、市場調査といったマーケティングに多くの予算と時間をかけずに、ブランドコンセプトにマッチした香り創りを重視しているからである。一方で、オンラインショッピングなどの新たな販売手法の開拓により、ユーザーが増加し市場の拡大が進んだと思われる。

ジョー・マローン・ロンドンは、１９９９年にロンドンに旗艦店をつくり、ビジネスをスタートした。そして、エルメスの香水などを手掛けている調香師のクリスティーヌ・ナジェルを起用し、２０１０年からブランドを代表するフレグランスを生み出している。当初は、高価格帯のうえ新ブランドということもあり知名度は高くなかったが、ウィリアム王子とキャサリン妃の結婚式で、同社のキャンドルが起用されたことにより一気に注目が集まった。

男女ともに使用できるユニセックスな香りが多く、「イングリッシュペアー＆フリージア」「ブラックベリー＆ベイ」など香り素材をわかりやすくネーミングにしている点や、ブランド内の香水同士を組み合わせて使用できる「コンバイニング」というコンセプトが若者にも受けて成功している。ジョー・マローン・ロンドンが引き金となり、これまで富裕層がターゲットであった高価格帯の香水が注目されている。

ニッチ系フレグランスがここまで大きくシェアを伸ばしてきた背景には、エスティローダー、モエ・ヘネシー・ルイ・ヴィトン、ロレアルなどの大資本企業がブランドを買収したことが大きい。資本力をもとに世界に向けて店舗を増やし、流行を後押ししている。もはやニッチとは言えない存在だ。

台頭のもう一つの理由としては、１９７０年代頃から続いてきた消費者調査を主流としたマーケティング重視の販売戦略への反動があるのかもしれない。すでに触れたように、万人受けする香水は無個性になりかねない。画一的な香水市場のあり方に、抵抗を感じる消費者もいるだろう。

多様性がうたわれる時代となり、特に若い世代は、香水にも数ある選択肢の中から、自分のライフスタイルやパーソナリティ、そのときの気分に合ったものを求めるようになってきている。流行っている香りではなく、自分だけの香りを探したいという声も聞く。

多くのニッチ系ブランドで、ジェンダーをあえてうたわない製品が主流になっていることからも、香水が長い歴史の中で果たしてきた役割の一つ「セックス・アピール」より、個としての表現や心地よさなどのエモーショナルな領域を重要視してきているように思う。それは、自然回帰やＳＤＧｓの流れともマッチしている。

一つの香水が生まれるまで

有名ブランドの香水の開発プロセス

さて、1年間にどのぐらいの数の香水が発売されるかご存じだろうか。

２０２１年の西ヨーロッパでの新製品数は１５０３種類だった[*10]。ユニセックス向けは、ニッチ系フレグランスの流行により一気に増加している。２０２１年の世界の香水売上金額は4兆円を超える規模になっている[*11]。

香水の市場は、年々右肩上がりで成長が続いているが、この中で10年先まで生き残る製品、もしくは大ヒットしてトレンドセッターとなるようなものは、ほんの一握りである。非常に熾烈《しれつ》な戦いである。

これまでに成功を収めてきた香水の数々は、シャネル、ディオール、ランコム、ブルガリなどハイブランドのものが多い。成功の要因としては「ブランドイメージ・商品のコンセプトに、香りとボトルデザインが調和している」「これまで市場になかった新しさを感じる香りのタイプ」の2つがあげられる。

それでは、どのようにして香水メーカーと香料会社が、姿の見えない香りの商品を企画し、創り上げていくのか、その開発のプロセスを説明していこう（図5も参照）。

ちなみに、シャネル、エルメス、ゲランなど、メーカーに専属調香師がいる場合は、香料会社に依頼せずに、自社で香りを開発している。

ブリーフィング（開発依頼説明会）

香水メーカーやハイブランドの香水販売部門は、ファッションの流れや世情を読み、市場動向と照らし合わせながらメインターゲット、香水の核となるコンセプト、発売時期などを決めていく。

大きな枠が固まったら、次にターゲットの年齢層とメインの発売国、発売時期から逆算した開発スケジュールが決められる。法規制やコストなども含めて開発条件が揃ったところで、香料会社にブリーフィングがされる。

ブリーフィングというのは、「開発依頼説明会」のようなものである。世界中で発売されるような大型のファイン・フレグランスは、香料会社数社に依頼が出されるコンペテ

図5　香水開発のプロセス（香料会社へ依頼する場合）

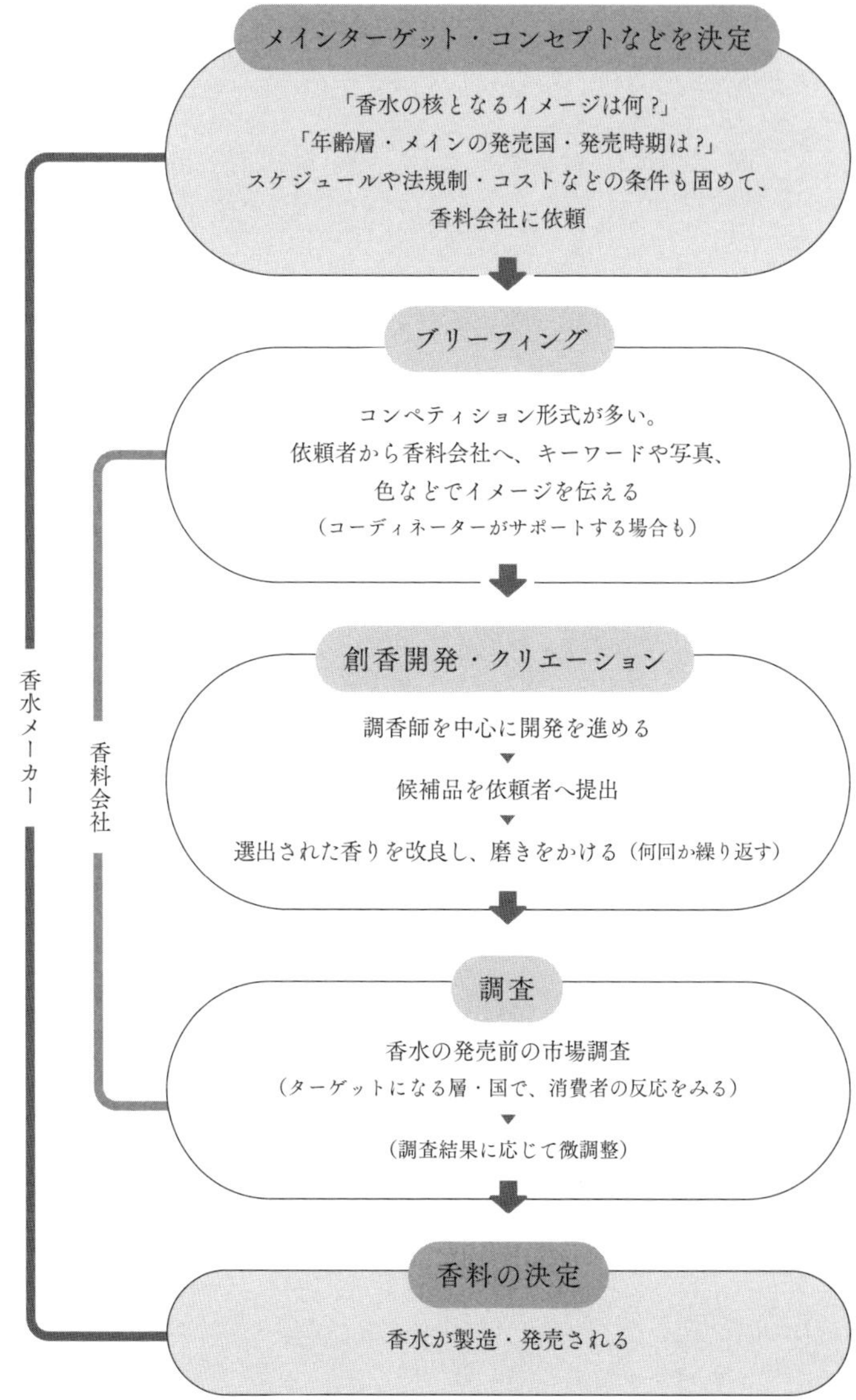

ィション形式になっていることが多い。依頼主を納得させられるような香りを提案できなければ、最終的に香料を採用いただけないという厳しい世界でもある。

そこで自ずとブリーフィングは、緊張感のある雰囲気となる。依頼主側のメーカーの担当者も、練り上げたコンセプト内容や新しく創る香りへの思いをしっかり伝えなくては、マッチした香りができ上がってこないのだから気合が入る。

ときには、香水メーカーと香料会社を繋ぐ、ファイン・フレグランス専門のコーディネーターが参加して、コンセプトや香りの方向性まで調整をおこなうこともある。スーパーコーディネーターの采配によって大ヒットとなった製品も少なくない。

テーマやコンセプトの提示は、キーワードや文章だけの場合もあるが、イメージ写真やイメージカラーなどのビジュアル的な資料が示されることも多い。イメージ写真があると、思い描いている世界観や細部のニュアンスが伝わりやすい。カラーも重要で、一口にブルーと言っても濃紺から水色まで幅広く「ターコイズブルー」というようなカラーイメージが決まっていれば、印象がつかみやすい。ここでは依頼する側とそれを受け取る創り手がイメージを共有できるかどうかが重要となる。

一方で、コンセプトに対する調香師の柔軟な解釈や表現が、ユニークな香りを生み出していくこともある。ファイン・フレグランスの世界は、これまでにないような新しい香りを世の中に出すことが期待されているのである。香水が「香りの芸術」といわれるゆえんでもある。

創香開発・クリエーション

香り創りは、香料会社の調香師を中心としたクリエーションチームで目指す方向性を確認しながら開発が進められる。

香水の場合、提示されたコンセプトにマッチしていることが一番重要であるが、インパクト、独自性、新規性など、人々を魅了する鮮烈な「登場感」のようなものが求められる。ありきたりでない香りを発掘するために、さまざまなトライアルがおこなわれる。

香水は時間とともに香りが変化するので、肌につけた直後、30分後、1時間後、3時間後、5時間後の香りの方向性と質の評価をおこなう。つけた直後は良いと思っても1時間後には残念な香りになっていたり、1日経って改めて嗅いでみるとつまらない香りに思えたり、経験豊富な調香師でさえ翻弄《ほんろう》されるのである。

そこで、調香師は、新しいテーマが来たとき、すぐに仕事に取りかかれるよう、多様な香りのアイディアをストックしておく。自然の情景からのインスピレーション、花やフルーツ、木などの素材、音楽の旋律など、パフューマーによってアイディアのモチーフはさまざまである。ずっと自分の中で温めておくものもあれば、急に閃《ひらめ》いて今抱えているテーマに入れ込むこともある。ファッションデザイナーが、コレクション創りに向けて新しいデザインや生地のことをずっと考えているように、調香師の頭の中も原料素材のことや新しい原料の組み合わせのことでいっぱいになっている。

初回の提出までに、数十回の改良をおこなうことも珍しくはない。試行錯誤を繰り返し、絞り込まれた数点の候補品を依頼メーカーの担当者へ提出する。ここで、意向に沿った香りがなければドロップアウトしてしまうこともある。

一方、「この香りは可能性がある！」となれば、依頼メーカーの担当者との改良が続けられる。開発が進められていくにつれて、複数社いた香料会社も絞られて2社、もしくは1社となる。そして、改良が重ねられ完成度が高められた候補品を待ち受けているのは、消費者調査という最終ハードルである。

調査／香料の決定

ファイン・フレグランスに限らず、世界中で販売されるようなフレグランス製品は、発売前に消費者調査がおこなわれる。多くの場合、依頼メーカーが製品のターゲット層・ターゲット国で、その香りがどれくらいの人に受け入れられるか、また購買意欲などの項目で定量調査を実施し、最終的に商品となるものの内容が決まっていく。

調査結果が申し分のないものであればそのまま採用に至って、めでたしとなる。しかし、やはり微調整が必要になることもある。調査結果が芳しいものではない場合、ふり出しに戻ることもある。しかし、これは双方にとって大変な浪費となるので何とか避けなければならない。

香水の開発に消費者調査が取り入れられ、重要な判断基準となったのは１９７０年代頃からだろうか。それ以前は、香水メーカーのオーナーや香水開発担当者の意思決定に委ねられていたことも多かった。それゆえ、ブランドの個性や調香師の想いが強く反映されていたようだ。

消費者調査をターゲット国の主要都市で一斉におこなうようになり、嗜好性を重視すると、好き・嫌いがはっきりしたものは選ばれにくくなった。そうして開発されたフレグランス製品は、受け入れられ易い反面、個性が際立った香りが減少している。

消費者調査は、大衆的なマーケットに向けては有効ではあるが、多様性が求められている時代には、これまでとは違った指標があっても良いと思う。それがさらなる驚きや魅力を与える香りを生み出していく可能性もあるのではないだろうか。

開発チームの苦労とやりがい

最初のブリーフィングから採用に至るまでの開発期間は、調査結果の規模や回数にもよるが半年から1年程度。優雅なイメージのファイン・フレグランスといえども、創り手にはスピード感のある開発ワークが求められる。その期間、調香師、エバリュエーターをはじめとするクリエーションチームは、新たな流行を創るべくそれぞれのプロフェッショナリズムを発揮して、プロジェクトを進行させていく。

緊張の続く開発期間を経て、消費者調査結果も問題なく、依頼メーカーの判断がゴーとなれば、香料決定の運びとなる。ここで調香師の手は離れる。

採用が決まると、達成感と安堵《あんど》感でクリエーションチーム全体が沸き立つ。そして、調香師にとって何よりも喜ばしいのは、パッケージが整えられ、ワクワクするような美しい製品となって世に送り出されるときであろう。頭の中で練られたイメージと数多くのトライアルが一つの作品となる、まさにやりがいを感じる瞬間である。

このように、香水の開発には、企画立案から発注、創香ワーク、パッケージ開発、調査、広告、実製造と実に多くの人の手と時間がかかっている。それゆえ、クリエーターたちの経験と技と情熱の詰まった香水の香りは、目には見えない儚《はかな》いものでありながら、パワーをもたらし心が動かされるのである。

ときには草原を渡る風のように爽やかに、ときには異国の地で開放的な気分を味わうように、香水はいつもひとときの夢を与えてくれる良きパートナーである。

＊9 混合物から特定の純粋な化合物を取り出すこと。
＊10 Michael Edwards, Europe（２０２１年の調査）。
＊11 Euromonitor（２０２１年の調査）。

第5章

世界は香りの素材に満ちている

文化と化学を育んだ香料原料

香り文化の誕生と広がり

第２章の「香りと人体の繋《つな》がり」でも触れたように、人々は紀元前から香りのある植物に興味をもち、神聖なもの、あるいは医薬用の目的として、また純粋に楽しむために、植物とその香りを活用してきた。現代でも、世界のあらゆる国々で天然香料は採取され（１７４〜１７５ページの図６参照）、国境を越えて流通している。

近代になると、天然香料に加えて、人工的につくられた「合成香料」も生み出されるようになる。自然の素材から、どのように天然香料を取り出すのか、また、合成香料の歴史やそれが創香にもたらしたものなどを紹介したい。

天然香料と合成香料

有史以来愛されてきた天然香料

天然香料の起源は、香りの歴史と重なる。古代エジプト時代に没薬《もつやく》、乳香、ローズ、ジャスミン、シナモンなどが採取され香膏《こうこう》として用いられていたことに始まる。

古代ギリシャでは、宗教的な用途の他に健康管理や美容にも役立てていた。ローズの他にもイリス（アイリス）、マジョラム、サフランなどの花々を浸した香油をつくり出し、香り文化を発展させていった。

ギリシャを征服したローマ人は、入浴、マッサージなど健康管理をはじめ治療薬に至るまで、植物のさまざまな部位からの抽出物や香油を生活の中に取り入れていた。ローマ皇帝は、化粧品と香りの価値を重んじ、アラビア、アフリカ、インドから香料を運んでくるエジプト、ギリシャの交易ルートを確保し、さらに消費が高まっていった。

イスラム圏でもペルシアがアジアとインドに道を開いたので、薬草類、香料が運ばれ

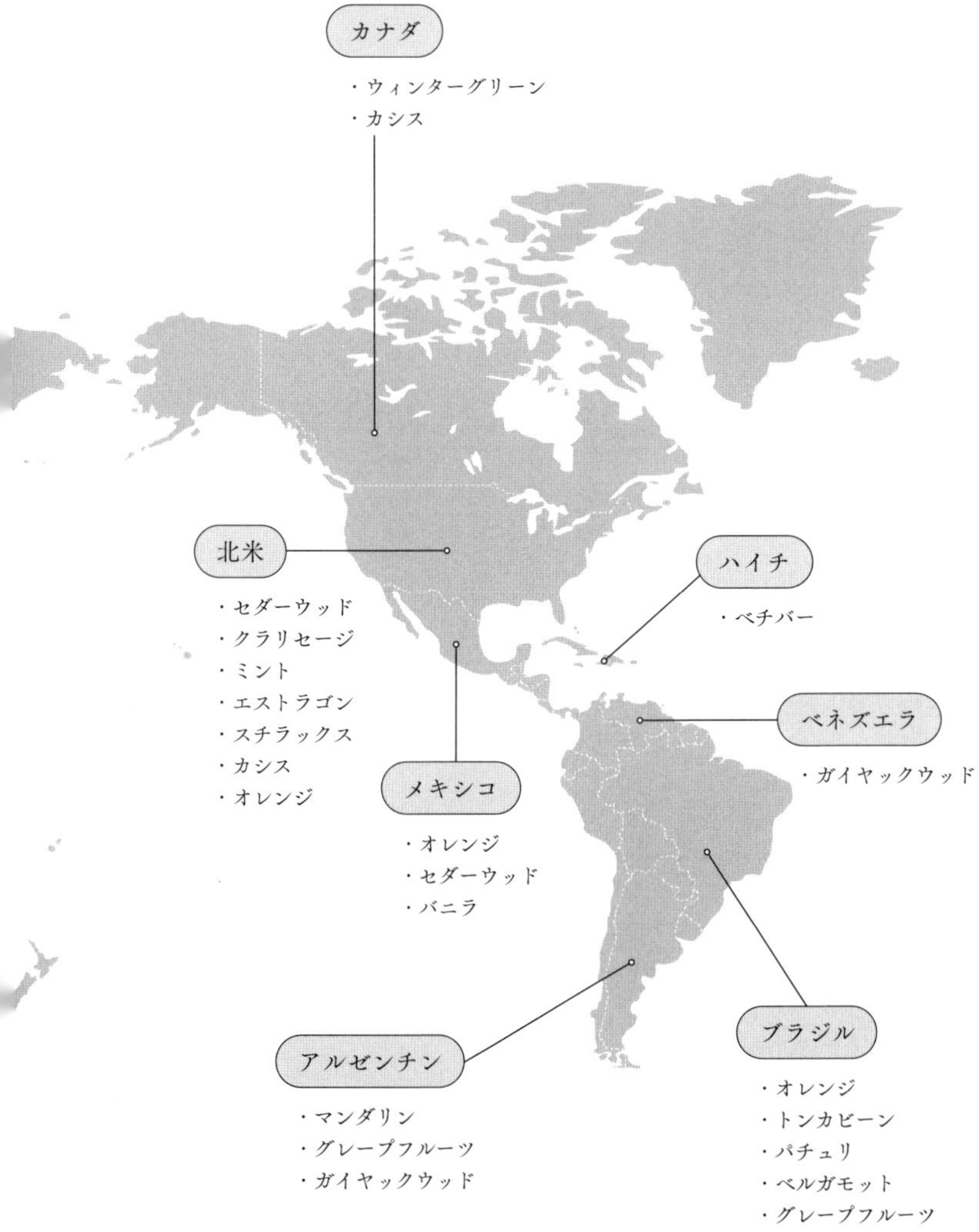
カナダ
・ウィンターグリーン
・カシス
北米
・セダーウッド
・クラリセージ
・ミント
・エストラゴン
・スチラックス
・カシス
・オレンジ
ハイチ
・ベチバー
メキシコ
・オレンジ
・セダーウッド
・バニラ
ベネズエラ
・ガイヤックウッド
アルゼンチン
・マンダリン
・グレープフルーツ
・ガイヤックウッド
ブラジル
・オレンジ
・トンカビーン
・パチュリ
・ベルガモット
・グレープフルーツ

図6　天然香料の主な原産国

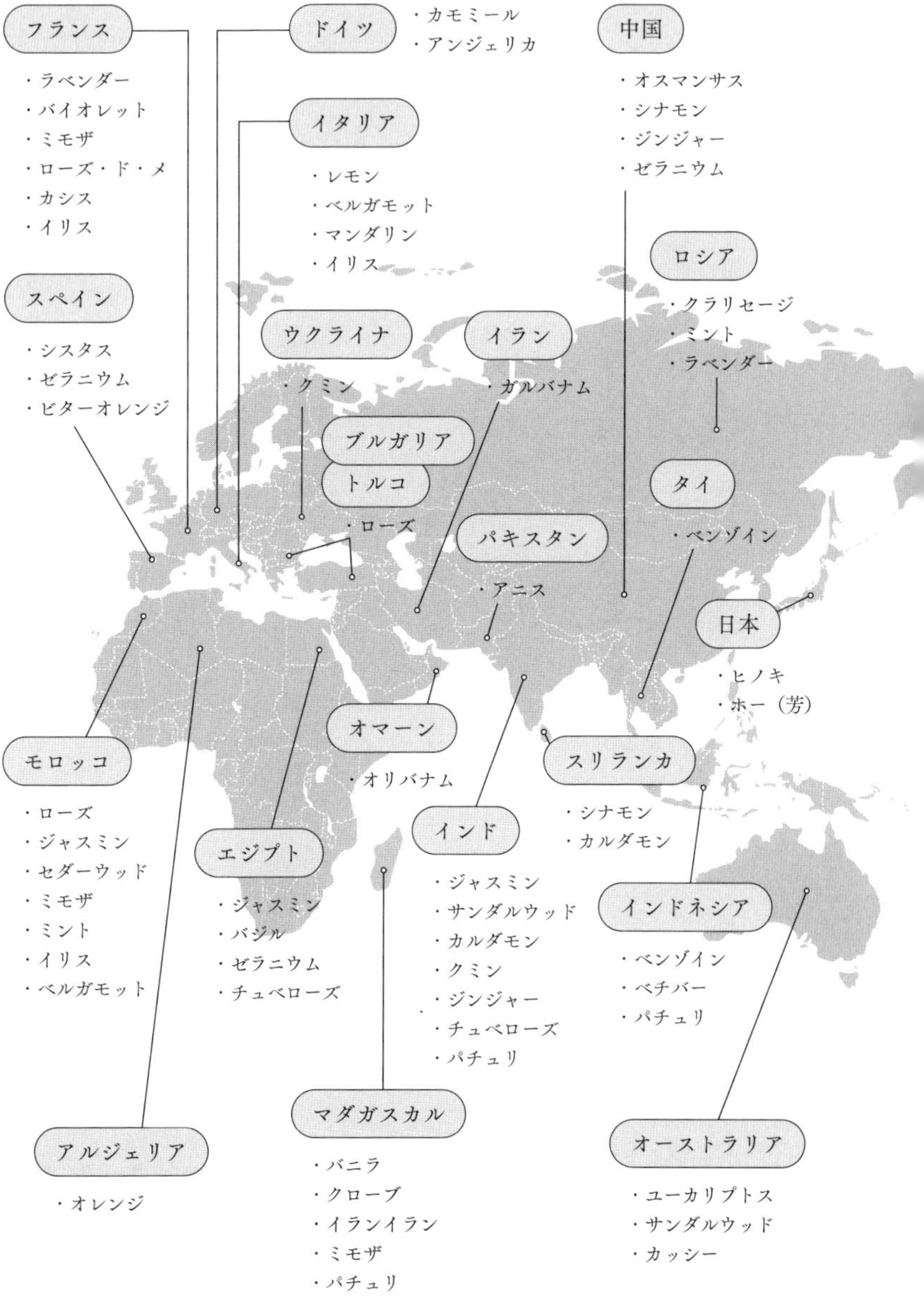

てきて、香り文化の発展が加速していった。アラブ人は香膏を身体に塗り、乳香、ベンゾイン（エゴノキ科の樹木から採取される固形の樹脂。安息香と呼ばれる）を薫《た》きしめた。香料をふんだんに使用するようになり、草木のままでは扱いや運搬に不便なことや、四季に関係なく花の香りを確保することへの情熱がアランビック（蒸留器）を発明し、蒸留技術の進歩へと繋がったのである。

12世紀には、アフリカ、インド、エジプト、ギリシャの各地から香料が西洋に伝えられ、のちにイタリアのベニス、スイスのジュネーブ、フランスのマルセイユやモンペリエが経由地になっていく。

このように、エジプトから発した天然香料の使用は、ヨーロッパに伝わり、さらに世界に広がっていった。

自然の香りを再現する合成香料

芳香をもつバラやジャスミンなどの花々は、香水などフレグランス製品の原料として早くから用いられており、オレンジ、レモン、ミント、ローズマリー、カモミールといった柑橘類《かんきつるい》やハーブ類、クローブ、ナツメグ、シナモン、クミンなどのスパイス類も香料原料や食用として広く親しまれてきた。さらにはベチバー、オークモス、シベット（霊猫香）、カストリウム（海狸香《かいりこう》）など、必ずしも芳香とはいえない独特の香りをもつ素材も貪欲に原料として取り入れてきた歴史がある。

しかしながら、香りをもつすべての植物から香料を採取できるかというとそうではない。

春になると可憐な白い花を咲かせ、清楚《せいそ》で透明感のある香りをもつミュゲ（スズラン）の花は熱に弱い。精油を抽出しても本来の香りがなくなってしまい、採油率も低いため工業化されず、天然の香料は存在しない。

リラ（ライラック）やヒヤシンスもミュゲと同様の理由で天然香料はほとんど製造されていない。だが、ミュゲやリラは、フレグランスの4大フローラルとも呼ばれる欠くことのできないフローラル香調である。天然の香料はなくても、独自性があり魅力的な花の香りは、それ自体が香水のモチーフとして、あるいはクリエーションのアイディアとして、調香師の創造力を掻き立てる貴重な「香りの素材」なのである。

この章では、フレグランス製品に使用される多様な香料原料とその採取方法、また「香りの素材」として興味深い豊かな香りをもつ花や植物を紹介する。

香料素材と香料の分類、調合香料ができるまでの流れを図に示したので参照いただき

図7 香料の素材と分類

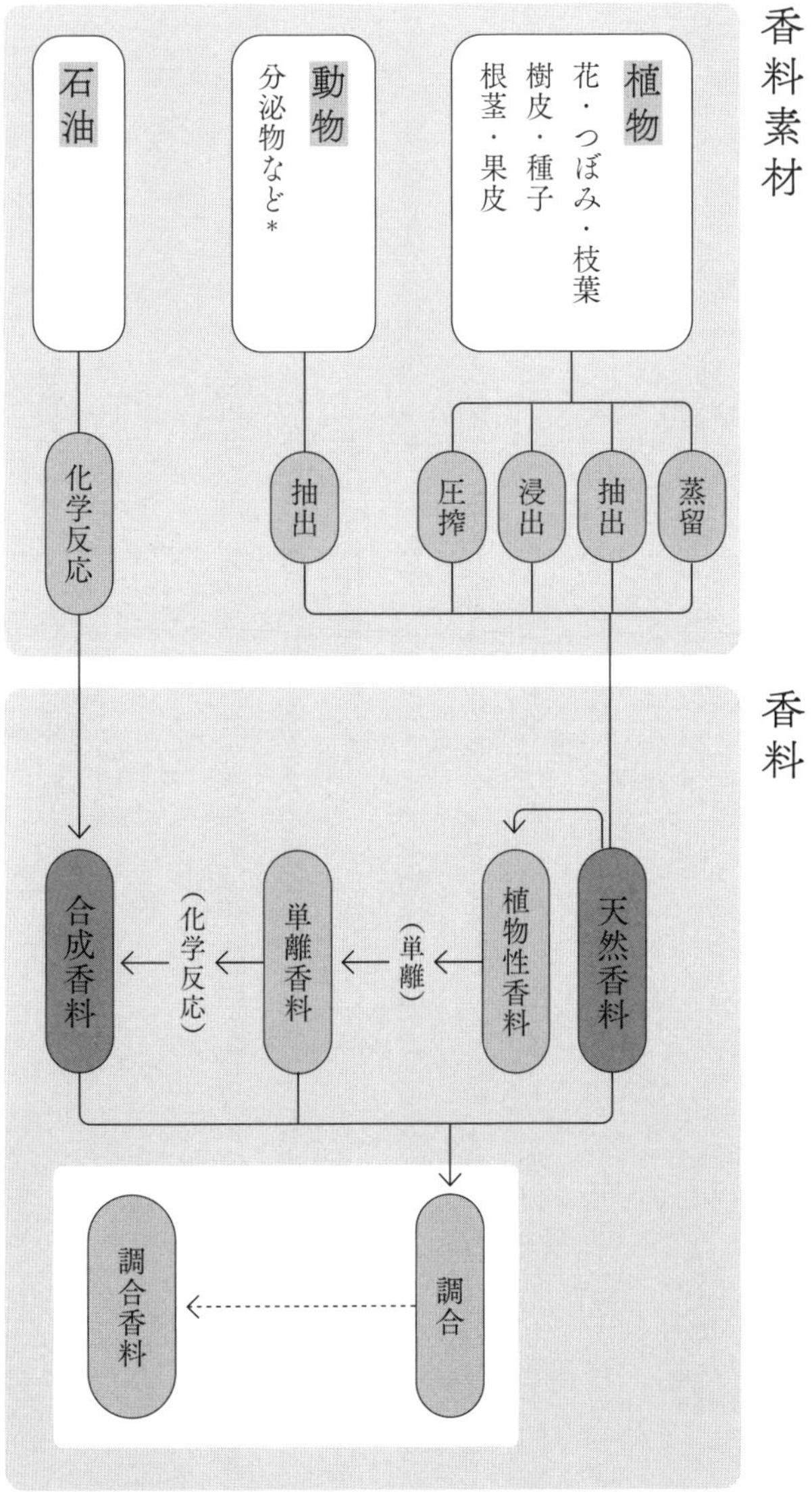

*動物性素材は現在はほとんど使用されない。

たい（図7）。

天然香料の採取法

素材に合わせた採取法

天然香料は、世界各地で栽培されている植物のさまざまな部位から採取される。花や花のつぼみ、種子、実、葉、茎、木、根などである。また、苔《こけ》などから採取するものもある。

動物を原料とするものは、シベット（霊猫香）、カストリウム（海狸香）、ムスク（麝香《じゃこう》）、アンバーグリス（竜涎香《りゅうぜんこう》）などが使われてきたが、ワシントン条約の規制対象になっていることから現在は取引されていない。これらの動物原料の香りはビーズワックス（蜜蠟《みつろう》）を例外として合成香料に代替されている。

天然香料は、天然物から蒸留、圧搾、抽出などの化学的手段によって取り出される。

近年、気候変動や天災などの自然の環境変化が、収穫高に影響を与えている。フレグランス製品向けの天然香料は、品質や供給量を維持しなければならないので、生産業者の苦労が絶えず、廃業してしまうケースもあるという。

しかし、天然香料は個々の植物の香りのユニークさや豊かさから、香水はもとよりフレグランス製品には欠かせない存在である。さらには社会の「ナチュラル」「エコロジー」「サステナブル」志向のもと、以前にも増してその重要性が高まっている。

天然香料の採取は、原料の部位と香りの特性に合わせて、採油量や品質、安定性の良い方法が選ばれ、工業化がおこなわれている。原料によっては、ローズオイル（水蒸気蒸留法）、ローズアブソリュート（溶剤抽出法）のように2種類の方法で採取されるものがある。ローズ・ダマセナ（ダマスクローズ）からは水蒸気蒸留法によりローズオイルがつくられ、ローズ・センティフォリアからは溶剤抽出法によりローズアブソリュートがつくられるように、品種によって違った採取方法がとられる場合もある。

次に、天然香料の主な採取方法とその特徴を説明する。

圧搾法

主にレモン、オレンジ、ベルガモットなどの柑橘類の採取に用いられる。柑橘類の香気成分は果皮にあるオレイフェール細胞に含まれているので、細胞を壊すために果皮に圧力を加えて破裂させ、得られた抽出物を遠心分離器にかけて水と分離する。他に、アメリカのカリフォルニアやフロリダ、イタリアなどの柑橘類の産地では、果皮を絞るスクイーズ法と果皮をおろし金のような機械で擦るエキュエル法がおこなわれている。圧搾法で得られた抽出物は、レモンオイルなど「〜オイル」と表記される。

柑橘類の主成分であるリモネンなどのテルペン類（揮発性の香気成分）は、熱で香りが大幅に劣化してしまうので、圧力をかけるときに発生するわずかな熱でさえ変性してしまう。そこで、冷却しながら圧搾処理（コールド・プレス）をおこなっている。これらの精油は、採取後も劣化を防ぐために低温で保管することが一般的である。

水蒸気蒸留法

水蒸気を利用した蒸留は古代から用いられた方法で、9世紀頃にアラブ人からヨーロッパに伝えられ、13世紀にはフランスに導入された。

その後グラースの香料製造会社によって技術改良がなされ、その技術は世界中に広まっていった。植物の香気成分のほとんどは水蒸気で分離できることから、現在も広く利用されている。

水蒸気蒸留法では、蒸留窯《がま》を使用して植物原料に下から蒸気を吹きかけ、香気成分を含む蒸気を放出させる。その蒸気は、蒸留器上部から伸びる水冷管で冷却され、香気成分と水蒸気は別の容器に集められる。香気成分は疎水性で水と分離するため、それだけを採取することができるのだ。水蒸気蒸留法で得られたものは、ローズオイル、ラベンダーオイルなど、一般的に「～オイル」と表記される。

分離された後の水にも香りが残るものがある。ヨーロッパでは化粧品として販売されているローズウォーターやネロリウォーター（オレンジフラワー水）などがそれである。

採油量は、蒸留される植物によって大きく異なる。たとえば、１kgの香料を得るために、バラの花びらなら３～４ｔ、ラベンダーの花なら１００～１５０kgが必要となる。需要が多く、大量の花びらが必要となるローズオイルなどは、当然販売価格も高いものになる。

溶剤抽出法

揮発溶剤による抽出法は19世紀末頃誕生した。ヘキサン、石油エーテル、エタノールなどの揮発性溶剤に香気成分を溶かし出して抽出する方法である。

溶剤釜《がま》に花や植物を入れ溶剤に浸し、香気成分が溶け出た後、溶剤を気化させると香気成分を含むワックス状のコンクリート[*12]が残る。これをエタノールとともに攪拌《かくはん》して凍らせ濾過《ろか》すると、香気成分を含むエタノールと非混和性の植物の蠟《ろう》が残る。その後エタノールを気化させるとアブソリュートが得られる。

この方法は、水蒸気蒸留法より多くの香気成分を抽出できる場合が多い。低い温度で抽出するため水蒸気による加水分解がなく、材料植物そのものに近い香りを得ることができるが、ツンとくる溶剤の香りも多少は残ってしまうことがある。

主にジャスミン、チュベローズ（月下香）などの繊細な香りの花に利用される。採油量は、1kgのアブソリュートを得るために、チュベローズの花なら4t、バイオレットリーフ（スミレの葉）なら2t、ローズの花びらなら1t、ジャスミンの花なら600kg、ミモザの花なら300kgが必要となる。

溶剤抽出法で得られたものは、ジャスミンアブソリュート、チュベローズアブソリュートなど、「〜アブソリュート」と表記される。

超臨界流体抽出法

二酸化炭素抽出法とも呼ばれる。液体の二酸化炭素には強い溶解力があるため、超臨界流体[*13]の状態にして香気成分を溶かし出して抽出する方法で、１９７０年代後期に開発された比較的新しい採取方法である。

二酸化炭素に２００気圧という高い圧力をかけ超臨界状態にし、この中に植物などを入れておき、芳香成分をその中に拡散・浸透させる。その後圧力を抜き流体を気化させると香気成分だけが残る。

利点としては、低温で瞬間的に抽出ができ、熱による成分の変質がなく材料植物そのものに近い香りが得られる。二酸化炭素を用いるため、香気成分に化学的な影響を与えたり、溶剤抽出法のように溶剤が残るおそれもなく、公害物質を出すこともない。高い気圧をかけるため多額の設備投資が必要だが、食品業界ではもっともよく利用される抽出法である。

この方法で抽出したものはアブソリュートもしくはCO_2エキストラクトと呼ばれる。

ジンジャー、カルダモン、クローブなどのスパイス類によく用いられており、この方法で採取された香料は徐々に増えているが、高価なため高級香水以外には使用しにくく普及は遅れている。

アンフルラージュ

油脂に花の芳香成分を溶解させ抽出するアンフルラージュは、20世紀初頭まで多くの花がこの方法で採油されていた。

脱臭した固形の動物性脂肪（精製した豚油）に花びらなど香料植物を置いて香気成分を溶解させたのち、エタノールで精油のみを脂肪から抽出する。香気成分を含む脂肪はポマードといい、これを分離させ取り出してエタノールと混ぜる。エタノールによって抽出されたものはエキストラクト、さらにそこからエタノールを蒸発させて除去したものは、溶剤抽出法、超臨界流体抽出法と同じく、アブソリュートと呼ばれる。

ジャスミンやチュベローズなど、摘みとった後も香りを失わない花に用いられた冷浸法では、熱による変質のない非常に高品質な精油が得られるが、手間がかかり収油率が低いため、今ではほとんどおこなわれていない。バラやオレンジの花のように、摘みとった後に香りが失われる花には、熱を加えて抽出する熟成法がなされた。アンフルラージュは、溶剤抽出法の理論のベースになっている。

天然香料のプロフィール

世界各地の香料原料

多種多様な天然香料の香りは、調香師に創作のインスピレーションを与える。あるときは主役となり、あるときは脇役となって魅力的なハーモニーを創りだす素材となる。天然香料の中には、レモン、ラベンダー、ローズなど馴染《なじ》みのある香りもあるが、一般的に知られていないものも多い。世界各地で栽培され、香料原料となって調香師のもとに届けられる個性豊かな天然香料のプロフィールをみていこう。

イリス（アイリス）

Iris pallida Lam. /Iris germanica L.　アヤメ科

イリス（Iris）は仏英名で別名オリス（Orris）とも呼ばれる。アヤメ科の品種は210種以上あり、香料としてはイリス・パリダ（*Iris pallida Lam.*）、イリス・ゲルマニカ（*Iris germanica L.*）などで、特にパリダ種が最高品質とされる。

産地はイタリア、フランス、モロッコなど地中海地域。日本でもアヤメの花は菖蒲園《しょうぶえん》などでよく観賞されるが、香料は花からではなく根茎の部分から採取される。

主に高級香水に用いられ、独特な品格ある香りをもつ。根茎は手作業で採取し熟成させるために、約3年間、石ころの中に埋められる。その後皮をむき、洗浄して乾燥させるが、この状態では香らない。さらに木箱に入れて3年間乾燥させると、次第に香りが形成される。

合計6年間も寝かせ、粉砕して水蒸気蒸留をおこなったものは白色から黄色味がありイリスバターと呼ばれる。このイリスバターの原料からの収率は0・02%とごくわずかである。さらに溶剤抽出し、脂肪酸を除去したものが黄色い液状のアブソリュートとなる。

香気の主成分はバイオレット（スミレ）様の香りのイロン。ミリスチン酸や脂肪酸エステルと絡み合って、パウダリー、バイオレット様フローラル、ウッディにキャロット（にんじん）のクリーミー感やベリーのフルーティを感じさせる豊潤で濃厚な香りである。天然香料の中でもひときわ複雑で、それ自体が香水のような多面性を感じさせる。

イリスは男性用、女性用問わず古くから香水に用いられており、１９７９年に発売されたピエール・バルマンの「イヴォアール」（IVOIRE）が有名である。イリスはたびたび注目され、クリスチャン・ディオールの「ディオール・オム」（DIOR HOMME・２００５年）、ランコムの「ラヴィ・エ・ベル」（LA VIE EST BELLE・２０１２年）、プラダの「アンフュージョン・ディリス」（INFUSION D'IRIS・２０１５年）などに用いられてヒットしている。

イリスの香りは、合成香料では置き換えることが困難な、人の手と自然の恵みによって生み出されるとてもマジカルなものといえる。

ブルジョン・ド・カシス

Ribes nigrum L.　スグリ科

仏名はブルジョン・ド・カシス（Bourgeons de cassis）、英名はブラックキャラント（Black currant）。スグリ科の黒すぐりの実である。

カシスの実は、ジャムやリキュールに用いられているので、味わったことがある方もいるだろう。フランス・ブルゴーニュ地方のクレーム・ド・カシスというリキュールは、19世紀から生産されており、カクテルのキール・ロワイヤルにも使われる。

香料は新芽のみを使用する。チベット、カシミール地方のアジア原産で、現在はフランス、アメリカ、カナダで栽培されている。カシスの芽の抽出には有機溶剤が用いられ、コンクリートが抽出される。収率は2〜4％程度である。このコンクリートから濃い緑色をしたペースト状のアブソリュートが80％ほど抽出されるが、高額なので主に高級な香水に使用される。

香気成分は、ハードウィック酸が主成分で、リモネンやβ－カリオフィレンなどのテルペン類と、ごく微量の硫黄化合物がグリーン、ウッディの香りに加えて、フルーティ、アニマリックな側面を形成している。

特筆すべき点は、新鮮な果実のような甘く爽やかな香りを感じさせる数少ない天然香料ということ。柑橘も含め、ベリー類やリンゴなど果実の果肉からは水分が多すぎるため採油はできない。ブルジョン・ド・カシスは、ごく少量の使用でもトップノートにブラックベリーのような酸味とフレッシュなグリーンノートのインパクトを加えることができる。

１９７４年にエルメスより発売された「アマゾン」（AMAZONE）やグレの「カボティーヌ」（CABOTINE・１９９０年）に使用されている。現在カシスの香りは合成香料で構成されたカシスベースなどに置き換えられて用いられる場合も多い。

パチュリ

***Pogostemon cablin*（*Blanco*）Benth.**　**シソ科**

パチュリ（Patchouli　仏英名）はシソ科の多年草で、アジアで解毒剤などの医療用として用いられていたものがヨーロッパに伝えられた。インドネシア原産で、インド、マレーシア、マダガスカルなど熱帯性気候の国々で栽培されている。

香料用には葉を使用するが新鮮な状態ではあまり香りがない。葉を収穫後に乾燥させると、この乾燥期間に熟成し香気成分が生成される。乾燥したものを水蒸気蒸留にかけると、香気成分が２～３％の収率で抽出されるが、現在では超臨界流体抽出法からも採油されている。

主要成分はパチュロールで、約30%含まれている。ただし香りの特徴をもたらすのは、ノルパチュレノールという1%未満の微量成分である。

パチュリは、調香師のパレットの中で重要な役割をもっている。香りのカテゴリーとしてはウッディノートに属しているが、セダーウッドやサンダルウッドなど木材から抽出される原料と違って、湿り気と土臭さが特徴的である。単体で嗅ぐとお香のような静けさを感じるかもしれない。だが、この苔むしたような香りは、ほんの少量配合するだけで陰影と強さを与えるパワーを秘めている。

パチュリは残香性が高く、肌残りが強いので爽やかなオーデコロンタイプや優しいフローラル香調に組み合わせる場合には細やかな配慮が必要である。一方で、イヴ・サンローランの「オピウム」(OPIUM・１９７７年)やティエリー・ミュグレーの「エンジェル」(ANGEL・１９９２年)、シャネルの「チャンス」(CHANCE・２００２年)のように、パチュリのキャラクターに負けないアンバーノートやバニリンなどのバルサミックノート、またはオークモスと組み合わせて大胆に配合することによって、個性的なシプレー調の香りにも変化させることができる。

さまざまな表情を見せるパチュリは、調香師の創作意欲を刺激してやまない素材である。

イランイラン

***Cananga odoranta*（*Lam.*）*Hook.f. & Thomson*　バンレイシ科**

イランイラン（YlangYlang　仏英名）というかわいい名前は、タガログ語で「花の中の花」という意味だという。フィリピン原産で熱帯雨林に育ち、香りの良い鮮やかな黄色の花をつける樹木である。20世紀初頭に気候が合うインド洋の島々で、フランスの修道士が指導し栽培が始まった。今日、市場に出回る製品のほとんどは、コモロ諸島とマダガスカル島で栽培されている。

採油は、花を水蒸気蒸留法で抽出する。花の収穫は、香りがもっとも強い夜明けから午前9時までにおこない、成熟した花のみを摘み取る。傷んだ花が少しでも混ざると、原料全体の質が劣化し、精油の品質を落とす原因になるという。

というのも、イランイランは品質によって5等級に分けられるので、花の摘み取りも慎重になる。等級は主に蒸留時間の違いによって決められる。トータル10時間ほど蒸留されるが、蒸留時間が短いほど香りが濃く華やかさがある。エクストラは蒸留時間が1・5～2時間のものを指す。フレグランス製品に主に使用されるのは、スーパーエクストラ、エクストラ、№・1〜№・3のうち上位3〜4種類である。

主な香気成分は、β−カリオフィレン、ファルネセン、リナロール、ベンジルアセテート、パラクレジルメチルエーテルなどで、濃厚でバルサミックな甘さと、スパイシー感が特徴的なフローラルノートである。エキゾチックな印象もあるが、ジャスミンなどと比較すると重厚感は少なく、軽やかに香る数少ない天然のフローラルである。この香りは、第一印象を華やかに明るくし、ローズ、ジャスミンなど他のフローラルとの繋ぎ役にもなり、存在感を高めてくれる名脇役である。

シャネルの「シャネルN°5」（CHANEL N°5・１９２１年）をはじめ、キャシャレルの「ルル」（LOU LOU・１９８７年）、ジバンシィの「アマリージュ」（AMARIGE・１９９１年）、「オルガンザ」（ORGANZA・１９９６年）など、１９００年代の名だたる香水に用いられている。

近年の香水では、２０１７年に発売されたシャネルの「ガブリエル・シャネル」（GABRIELLE CHANEL）に、オレンジフラワー、ジャスミン、カシスとともにイランイランが効果的に使われている。シャネルの本名であるガブリエルの名を冠した香水らしく、モダンでフレンチシックな女性らしさを表現している。

ビターオレンジ／プチグレン／ネロリ

***Citrus bigaradia Risso, Citrus aurantium ssp. amara, Citrus aurantium sub.sp amara*　ミカン科**

ビターオレンジ（Bitter orange）、プチグレン（Petitgrain）、ネロリ（Neroli）。いずれも英名。ビターオレンジの木は、私たちにさまざまな恩恵をもたらす。果皮はマーマレードとして食用に、またビターオレンジオイルとして香料になる。枝葉からはプチグレンオイル、可憐な白い花からは、水蒸気蒸留法によってネロリオイルが、溶剤抽出法によってオレンジフラワーアブソリュートが採油される。

インド、ヒマラヤ、中国などのアジアを原産とするこの植物は、アラブ人が9世紀にヨーロッパの地中海沿岸地方全域に紹介し、栽培が始まった。現在は、南フランス、イタリア（メッシーナ、カラブリア、カターニャ）、スペイン、チュニジア、アルジェリア、モロッコ、ハイチ、アメリカ（フロリダ）、ブラジルなど温暖な気候の国々で栽培されている。

果皮を冷圧搾機にかけると、リモネンを90～95%含むオレンジ様シトラスの「ビターオレンジオイル」を抽出することができる。枝葉からは水蒸気蒸留法によって、リナリルアセテート40〜80%、リモネン、リナロールを含むオレンジのビター感とハーブ感のある「プチグレンオイル」が抽出される。そして花からは水蒸気蒸留法によって、リナロール30%、リナリルアセテート、ネロリドール、ゲラニオールを含む、爽やかで甘くコクのある「ネロリオイル」が抽出される。

また、花から有機溶剤を用いてアブソリュートを採る方法もある。これは、ネロリオイルと区別して、「オレンジフラワーアブソリュート」と呼ばれている。

「ネロリオイル」の名前の由来は、17世紀のイタリアで革手袋のにおい消しのために、ネロラ公妃アンナ・マリアがビターオレンジの精油を愛用していたことによる。それが流行して以来、ネロリオイルと呼ばれるようになったという。

ビターオレンジの香りは、スイートオレンジと比べて爽やかなグリーン感とすっきりとしたビター感が特徴となっている。清潔感のあるシトラスノートなので、従来からオーデコロンに多く用いられてきた。たとえばエルメスの「オー・ドランジェ・ヴェルト」（EAU D’ORANGE VERTE・１９７９年）をはじめ、ゲランの「アクア・アレゴリア マンダリン・バジリック」（AQUA ALLEGORIA MANDARINE BASILIC・２００７年）にマンダリンオレンジとともに配合されており、トップノートにはじけるようなみずみずしさを与えている。

プチグレンオイルやネロリオイルも、古くは4711の「4711オー・デ・コロン」(4711 EAU DE COLOGNE・1792年)をはじめ、数多くのオーデコロンや香水に使用されてきた。近年ではジャン=ポール・ゴルチエの「フルール・ドゥ・マル」(FLEUR DU MALE・2007年)やドルチェ&ガッバーナの「ドルチェ」(DOLCE・2014年)、ディオールの「オー・ソヴァージュ・コロン」(EAU SAUVAGE COLOGNE・2015年)などの香水に彩りを添えている。

オレンジフラワーアブソリュートは、オレンジ様のフレッシュさをもちつつ官能的でインパクトのある香りなので、「アマリージュ」などのホワイトフローラル系の香水に使われている。「ラヴィ・エ・ベル」にもジャスミンとともに使用されており、エレガントかつ魅惑的なフローラルノートをつくりだしている。

柑橘系の中でも特にオレンジの香りは、懐かしさと心地よさを感じさせる。

オリバナム(フランキンセンス)

***Boswellia carterii* Birdw. / *Boswellia frereana* Birdw.**　**カンラン科**

仏語ではアンサン（Encens）、別名オリバナム（Olibanum）。英名フランキンセンス(Frankincense)。

オリバナム（乳香）は、史実にある中では最古の香料素材であろう。キリストの誕生時に、星に導かれて訪れた東方の三賢者が、キリストに捧げた贈り物の一つとしても有名な芳香性樹脂である。

産地は、アラブ諸国のイエメン、オマーン、ソマリアなどで、古くはマルコポーロが旅したシルクロードのような「乳香の道」というものを辿《たど》り、キャラバン隊によって冒険と危険な旅を通じて運ばれてきたという。

乾燥した山岳地帯に育った乳香樹の樹皮を剝《は》がす、もしくは枝に切り込みを入れて、後日固まった樹脂を採取する。「マロン」と呼ばれる樹脂の破片は、地面に落ちて固まっているそうだ。*Boswellia carterii* から採取されるオリバナムは、白っぽいものが1級品で赤いものは2級品とされている。この樹脂から水蒸気蒸留をすると、無色から淡い黄色の香料が抽出される。

香気成分は品種にもよるが、α-ピネン、リモネンなどのテルペン類とオクチルアセテート、ボルニルアセテート、ボスウェリン酸などの樹脂様の香気成分などで構成され、スーッとした爽やかなグリーンノートとパウダリーな甘さ、アンバーノートが混在した複雑で豊かな香りである。オリバナムは、全体的にはバルサミックな重い香りなので、主にオリエンタル調の香りに使用することが多い。

以前、フローラル・アンバーの香りを調香していたときに、何か物足りなさを感じたためオリバナムを０・１％加えてみたところ、一気に甘さと深みが増してきた。前面に登場する素材ではないが、バニラや他のアンバーノートとともに香水らしい上品な甘さと重厚感を押し上げる効果がある。

近年、グッチの「インテンス・ウード」（INTENSE OUD・２０１６年）やディオールの「ソヴァージュ・パルファン」（SAUVAGE PARFUM・２０１９年）などに使用され、ナチュラルでウッディな香調にも一役買っており、新しいオリバナムの表現がみられる。

香りの世界を広げる合成香料

合成香料に挑んだ化学者たち

合成香料の発展は、化学者たちの探究心のたまものである。有機化学の知識を利用して、香りのある植物原料や精油から香気成分を分離し、その分子構造を理解することから合成香料の道がつくられた。天然物質を解明しようとする努力は、合成化学の創出へと繋がった。

１８６０年代にベンズアルデヒド、クマリンの合成が成功し、本格的に合成香料が製造されるようになる。20世紀の幕開けとともに化学の新時代が到来し、香気成分の分子の立体構造に関する研究が進められるようになって、香料産業は飛躍的に進歩していく。そして１９３０年代の終わりには、現在使われている主要な合成香料は化学構造がほぼ発見されていたのである。

当時、フランス内の香料製造会社は約３００社。その中でも合成香料と半合成香料を製造する会社は目覚ましい発展を見せた。現在では、石油などを原料に合成された香料が、香水や化粧品などの香粧品、さらには食品や飲料などにまで幅広く活用されている。

合成香料が登場する以前は、花を中心とした天然香料のみで調合香料がつくられていたので、供給量もわずかでとても庶民には手の出ないものであった。さらに天然香料だけで表現できる香調は多くはない。合成香料の供給量の多さ、香りのバリエーションの豊富さ、香りの持続性・安定性は、フレグランス製品の創り手にとって大きな魅力で、その使用も増えていった。現在は、合成香料を中心に処方を組み立て、必要に応じて天然香料を配合し、用途と価格に見合った調合香料が開発されている。

合成香料は自然界では見つけることができない、新しい香りを創りだすことにも成功した。代表的なものは脂肪族アルデヒド類である。第4章の「香水ヒストリー」でも触れたように、20世紀のはじめに発見されたアルデヒド類は、後に調香師のエルネスト・ボーによって「シャネルN°5」に取り入れられ、新しい香調のジャンルを生み出した。

また、1966年に登場したカロンという合成香料は、アクア、マリンといった「水」を想起させるこれまでになかった新しいグリーンノートである。第4章で触れたように、この合成香料を使った「ロー・ディッセイ」（L'EAU D'ISSEY・1992年）は、世界的な成功に繋がり、マリン、アクアティックという透明感のある新しい香調を確立した。

フレグランスを発展させた合成香料

時代は少し遡《さかのぼ》るが、天然香料が採取できないミュゲ（スズラン）の魅力的な香りを何とか再現しようと、多くの化合物が合成された。

代表的なものが、天然成分には存在しないヒドロキシシトロネラールという合成香料である。この透明感のあるグリーンとほんのりパウダリーな甘さをもつ香料が登場したことにより、ミュゲをモチーフとした香水「ディオリッシモ」が誕生した。その他にもミュゲ調ともいえるリリアールやリラールといった合成香料も加わり、さまざまなフレグランス製品に使用されフローラルの香りの幅も広がっていった。

ところがヒドロキシシトロネラールは、安全性や安定性に問題があることがわかったため、調合香料に使われる量はＩＦＲＡ（イフラ）（72ページ参照）により使用量が制限されるようになった。その他のアルデヒド基をもつ原料も、一般的に香気が強く持続性に優れているが、アレルギー反応を起こすことがあるとしてＥＵの化粧品規制などでは使用制限がかけられているものがある。これらの清々しいフローラル調の合成香料を使わずに、どうやって華やかなミュゲの香調を表現していけばいいのか、調香師にとって新たな課題となっている。

合成ムスク香料の登場もフレグランスの発展に大きく寄与している。

調合香料が多くのフレグランス製品に使われ始めると、製品基剤のにおいを目立たなくし（マスキング）、使用感を向上させるために残香性の良いラストノートが求められる

表4　構成別合成香料の例

トップノート	ミドルノート	ベースノート
・アルデヒドC-10	・フェニルエチルアルコール	・γ-デカラクトン
・アルデヒドC-12L	・ゲラニオール	・バクダノール
・シトラール	・シトロネロール	・イソイースーパー
・エチルアセトアセテート	・ベンジルアセテート	・カシュメラン
・アリルヘキサノエート	・トリプラール	・エグザルトリド
・アリルアミルグリコレート	・α-ダマスコン	・ガラクソリド
・エチル2-メチルブチレート	・ヘディオン	・アンブロクサン
・シス-3-ヘキセニルアセテート	・ヘリオナール	・デキストランバー
・リナリルアセテート	・カロン	・クマリン
・ジヒドロミルセノール	・オイゲノール	・ヘリオトロピン
・メントール	・シスジャスモン	・バニリン

ようになった。スイス・ジュネーブのルジチカ教授がシベトンとムスコンというムスク様の化合物を発見し、合成したことで、高価な動物性香料を使用せずに持続性と残香性の高い、清潔感のある香りの表現が可能になったのである。

合成ムスクの需要は高まり、ニトロ基をもつムスクケトンや多環式ムスクのガラクソリド、大環状ムスクのエグザルトリド、ムスクT、アンブレトリドが製造され、香調やコストに合わせてムスク香料同士を組み合わせることができるようになった。

そして、保留効果を高めるための用い方だけではなく、「ブルガリ・プール・オム」(BVLGARI POUR HOMME・２０１０年)、「ライト・ブルー」(LIGHT BLUE・２００１年)、「エクラ・ダルページュ」(ÉCLAT D'ARPÈGE・２００２年)のように、ムスクノートを肌の上で心地よく、第2のフローラルのように創香の主役として演出する香水も現れた。

新しい合成香料の登場は、新たな香りの可能性を広げていく。

右に、ほんの一例であるが、トップノート、ミドルノート、ベースノートを構成する合成香料を紹介する（表4）。

香料とどう向き合うか

調香師たちの選択眼

現代のフレグランス製品は、原料コスト、製品の安定性、香調の多様性において、合成香料抜きには語れない。毎年新しい合成香料が提案されるが、どれを自分のパレットに加えるべきか、調香師にとって悩むところである。

エルメスの前専属調香師であるジャン＝クロード・エレナ氏は、著書『香水』の中で

「その匂いは、新しいか？　さもなければ、もっと安価に、すでにある匂いと同様の、あるいはそれ以上の技術的機能を得られるか？　属する嗅覚の範囲を広げるか？」と新しい香料を取り入れる際の難しさを語っている。

彼は、長い調香経験の中で本当に自分に必要な香料を厳選して、およそ２００種に絞り込んでいる。それぞれの香料原料の特性やコストパフォーマンスを熟知し、調香スタイルが決まってくると、数多《あまた》の香料は必要ではないのだろう。

一方で、市場は新しい香り、新しい機能をもつ素材を飽くことなく求めている。

調香師は、これまでにない香りを生み出すきっかけとなる、もしくは斬新なインスピレーションをもたらす香料を捉えて、魅力的な香りを生み出していかなければならない。しかし、それは新規の香料に限った役目ではなく、調香師の魔法によって、しばらく眠っていた香料に新たな光を当てて輝かせることも不可能ではない。簡単なことではないが。

香料の現在と未来

近年、香料産業は原料面で非常に厳しい状況に直面している。ＩＦＲＡの規制に加えて、ＥＵ化粧品規制や各国の法規制は緩まることはない。さらには気候変動や燃料費の高騰によって、天然原料および合成香料の価格が上がってきているので、クリエーションへの制約は10年前と比較できないほど大きくなっている。

地球規模で進められているＳＤＧｓについても当然考慮しなければならない。市場では天然香料というだけでは十分でなく、オーガニック品が要望されることが多くなっている。合成香料の方も、脱化石資源というニーズに応えるため、石油由来から再生可能原料由来に切り替えられるようになった。今後は生分解性を有する「グリーンケミストリー」（環境負荷の少ない化学）なものが中心となっていくだろう。

フレグランス製品は化学品である以上、時代や環境に適応した、安全で安心な製品を提供していかなければならない。それによってクリエーティブな表現が制約されることは残念だとしても、持続可能な未来のために、与えられた条件のもとでのチャレンジが必要だ。

価格競争でむやみにフレグランス製品の価値を落とさず、なおかつ人類の努力と化学の叡知《えいち》の結晶ともいうべき香料から生まれた、香り製品の価値をもっとアピールすること。そして、人々の生活を豊かにサポートしていくこと。それが、香り産業にたずさわる者の役目ではないかと考える。

身近な自然の香りを採り入れよう

インスピレーションの原点は自然

フレグランス製品を創るとき、何をモチーフとして香りを創っていくかは大変重要なポイントだ。ブランドやコンセプトにマッチしたものでなければ、香り自体は良い仕上がりでも共感は得られない。たとえば、すっきりとした朝の目覚めを促す爽やかなボディコロンに、重厚なアンバーの香りは似合わない。

香りの方向性を決める企画会議では、朝の目覚めにふさわしい香りならば「レモンやベルガモットの柑橘系は外せない、ペパーミントやユーカリがアクセントになるといいかも！」といった香りのアイディアが挙げられる。まずは製品を手に取る消費者とイメージを共有できる素材を見つけることがスタートとなる。

調香師や香りの仕事に関わる人々にインスピレーションを与えるものは、植物、果実、お菓子、飲み物、色、風景などいろいろあるが、特に花や草木などの自然の香りはいつも刺激を与えてくれる。ときには、珍しい品種や固有種を求めて山地や離島、海外を訪れ、香気を採取することもある。そして自然の中で生き生きと咲く花たちの香りを吸い込み、製品にしたときのイメージを膨らませていくのである。

近年海外からも注目されている日本の樹木と、名前はよく知られているが香りはあまり認識されていないかもしれない、花々、ハーブ類の豊かな香りの特徴を伝えていく。

日本の樹木の香り

ジャパンウッド・プロジェクト

私が2023年3月まで勤めていた高砂香料では、アロマスコープという取り組みをおこなっている。これは、植物や果実さらには貴重な固有種や希少種の花などの香りをヘッドスペース法[*14]（次ページの写真4）で香気捕集し、独自の分析技術を用いて、その香

写真４　ヘッドスペース法によるヒノキの香気捕集

りを香料で再現するというものである。

日本の樹木に着目した「ジャパンウッド・プロジェクト」では、日本三大美林を含め、薫り高い木の香りの分析と、その分析結果を元にして香料を使った再現をおこなった[*15]。その一部をご紹介したい。

天然にある香りを分析・再現するためには、対象物の本質的な部分まで探り、特徴を捉えるのはもちろんのこと、その木独自の魅力がもっとも引き出された香気を捉えることも重要である。この取り組みでは、枝葉を含めない木の幹から発する香りにフォーカスを当てた。

分析結果と香気評価の比較により、一口に「木の香り」と言っても、それぞれユニークな特徴があることが見えてきた。

三大美林の香りとその成分

木曽のヒノキ、青森のヒバ、秋田のスギは「日本三大美林」と呼ばれている。古来より、有名な神社仏閣などの重要な建築物に用いられてきた。

ヒバとスギは日本の固有種であり、まさに日本を代表する木と言っても過言ではない。

3つのいずれの木にも芳香があり、その香気成分には生理・心理的作用や抗菌効果などがあることが知られている。香りとその成分に注目してそれぞれの特徴を描くと、次のようになる。

木曽ヒノキ

針葉樹様の爽やかさと上品でなめらかなセダー様の香気を併せもつ。削りたてのヒノキは、ジンジャーのようなシュワッとするシトラス・スパイシーノートが香る。ヒノキの香りは、今回対象とした木の中で、特に柑橘のような爽やかさが際立っていた。

分析結果から、β-シトロネロール、シトラール、および複数のアルデヒドがジンジャー様の独特のキャラクターに貢献していることがわかった。また、ターピニルアセテート、ボルニルアセテート、微量のローズオキサイド（バラなどに含まれる香りの成分）が針葉樹様のグリーン・ハーバルノートに寄与し、拡散性を高めている。

青森ヒバ

エンドウ豆やワサビを連想させる独特のグリーンノートと、清々しい森林様の重厚で堅さのある木の香りをもつ。

特徴成分であるヒノキチオールは、薬っぽいレザー様の香気や、ウッディな香気をもつ化合物で、フレッシュ、スパイシーで樹脂様の香りのビサボレンとともにヒバの重厚なウッディノートを構成している。また、2つのピラジン化合物が、野菜のようなユニークなグリーンノートを感じさせるキー成分であることがわかった。心地よい針葉樹様の香りは、ツヨン、α－ピネン、ターピネオール、ボルネオールなどの薬効感のあるハーバル様香気をもつ成分により構成されている。

秋田スギ

乾いた木粉を連想させる温かみのあるセダー系の木の香りである。今はあまりお目にかからないが、材木店の前を通ったときに鼻先にくるあの香りである。注意深くにおいを嗅ぐと、スモーキーな香り、お香のようなバルサミックな香り、焼き栗のようなロースト感のある甘さなど、独特なキャラクターがある。

分析により同定されたオイゲノールやシンナムアルデヒドなどがこの薫香感に寄与している。

ユニークな木の香りとその成分

三大美林に続いて、薫り高い日本の木の中で、香りの認知度は高くないが個性的な香りをもつ、ヤクスギ、コウヤマキ、ミズナラ、クロモジを紹介する。

ヤクスギ

ヤクスギとスギは同じ種であるが、見た目も木のにおいも異なる。屋久島で育った樹齢1000年以上のものがヤクスギと呼ばれている。ヤクスギの大木には、樹齢が20

００年を超えるものもみられる。これに対して一般的なスギの平均寿命は約５００年といわれている。

香りは、深みと温かみのあるウッディと、樹脂様の甘み、脂っぽさとクリーミー感が一体となっている。ドライアンバーや吉草《きっそう》酸などのアニマル様の要素も、個性的なヤクスギの香りの特徴と考えられる。吉草酸やパラクレゾール由来のアニマルノート、ラクトン様のフルーティな香りが、その独自な香気に貢献している。ウッディのキャラクターに寄与する成分では、スパイシーで深みのある樹脂様の香りをもたらすビサボレン、セダー系のセドロールが含まれていることがわかっている。

コウヤマキ

日本固有の針葉樹で、コウヤマキ科とコウヤマキ属に属する唯一の種である。コウヤマキはかつて世界中に広く分布していたが、現在は日本にのみ自生している。材は水に強く、浴槽や水桶《みずおけ》などの材料として使用されている。

香りは、針葉樹様のグリーン感、クリーミーなサンダルウッド様のウッディ感、力強いドライアンバーが融合したバランスの良い上品な香りである。清々しいグリーンや香ばしさは、シス－３－ヘキセノール、リナロール、４－メチルアセトフェノン、メチルイソオイゲノールなどが含まれることがわかっており、この木に特徴的な成分と考えられる。

ミズナラ

高級家具や建物に使用されている他、ウィスキーの熟成用の樽《たる》としても使用されている。ミズナラ樽で熟成させたウィスキーには、サンダルウッドや沈香などのウッディノートがあるといわれているが、もともとミズナラの白木自体にユニークなサンダルウッド様の香りと、洋酒様のフルーティな香りがあることがわかった。主成分であるウィスキーラクトン、トランス－２－ノネナールが洋酒様の香気を形成している。また、お香や煙をイメージさせる薫香感はグアイアコールという成分が効いている。

余談となるが、ミズナラの樽をつくるには、樹齢２００～３００年のものが理想とされている。育成に時間のかかる、この希少な原木を確保するため、ある洋酒メーカーはミズナラ林の保護や育成にも力を入れているそうだ。

クロモジ

クスノキ科の落葉低木で、葉や枝をこすると爽やかな柑橘系の香りがする。そのため古くから箸《はし》や楊枝の材料として用いられてきた。現在でもお茶席などでは和菓子をいただくときに使う楊枝を「黒文字」と呼ぶ。水に浸すとさらに香りが引き立ち、茶道のお作法にも取り入れられている。殺菌効果が強いため、江戸時代には歯ブラシ代わりとして使われていたという。

シネオール、リナロールが主成分で、リモネン、γ《ガンマ》－テルピネンも含まれている。クスノキの枝葉と比べるとカンファー（樟脳《しょうのう》）の要素が薄いので、穏やかで優しいフローラルの香りが感じられる。

日本の森林がもつ健康効果

森林浴の効果を医療分野、特に予防医療に活用するために、「森林セラピー研究会」と呼ばれる組織が国内で設立された。これが２００４年のことである。そして、林野庁や厚労省、大学、企業などが、森林浴による効果効能、森林の香気成分、あるいは木そのものが有する機能などを科学的に研究・検証するようになった。

その結果、木の精油や森林の香りの成分がもたらす心身へのポジティブな機能や効果が明らかとなってきた。たとえば、森林浴によるリラックスと癒やしの効果（23〜32ページ参照）や、セドロール（セダーウッドなどの木の精油の主成分）を吸入することによる睡眠の質の改善効果が報告されている。

他にも、ヒノキとヒバの精油で、抗アレルギー作用と抗炎症作用が確認されており、マウスを用いた実験ではインターロイキン−4（アレルギーを起こすサイトカイン*16の一種）の産生を阻害することなどが報告されている。スギでは、精油を皮膚に塗布する臨床試験で、アトピー性皮膚炎の患者のかゆみを軽減するのに効果があったという結果もある。

その他、脱臭機能、防虫・抗菌作用など、有害物への抑制効果も報告されている。特にヒバ精油の特徴成分であるヒノキチオールは、高い抗菌機能によって、防ダニ剤からスキンケア、歯磨き粉まで、さまざまな用途で多くの商品に使用されている。

このような機能は、木や森林の香気成分に由来していることが多いため、このジャパンウッド・プロジェクトによる再現香料にも、何かしらの良い機能があるのではないかと考え、検証がおこなわれた。

再現香料で自然の香りの効果に挑む

天然精油や、自然の香りと同様に、作製した再現香料にも鎮静効果があるかもしれない。それを確認するために、脳波測定方法の一つであるContingent negative variation（随伴性陰性変動。以下ＣＮＶ）での測定を実施した。

ＣＮＶ測定は、香りの生理・心理的影響を客観的に測定する手法で、この方法で、これまでにも多くの精油の覚醒効果と鎮静効果が報告されている。高砂香料の測定でも、スギ精油、ヒノキ精油、ヒバ精油、およびセドロールなどの多数の天然製油が鎮静効果をもっていることを確認している。

ＣＮＶ測定の結果は図８のようになった。数値のマイナス方向が鎮静効果、プラス方向が覚醒効果となるので、作製した７つの再現香料のうち、６つに鎮静効果があることが示されている。ただ、ミズナラの再現香料だけは、どちらの効果もみられなかった。

この結果から、日本の木の香りを表現した再現香料がリラックス効果や癒やし効果をもたらすことが示唆され、香りを通じてポジティブな生理・心理的効果を人に与えられるかもしれないことがわかった。

図8　日本の樹木の再現香料を用いたCNV測定結果

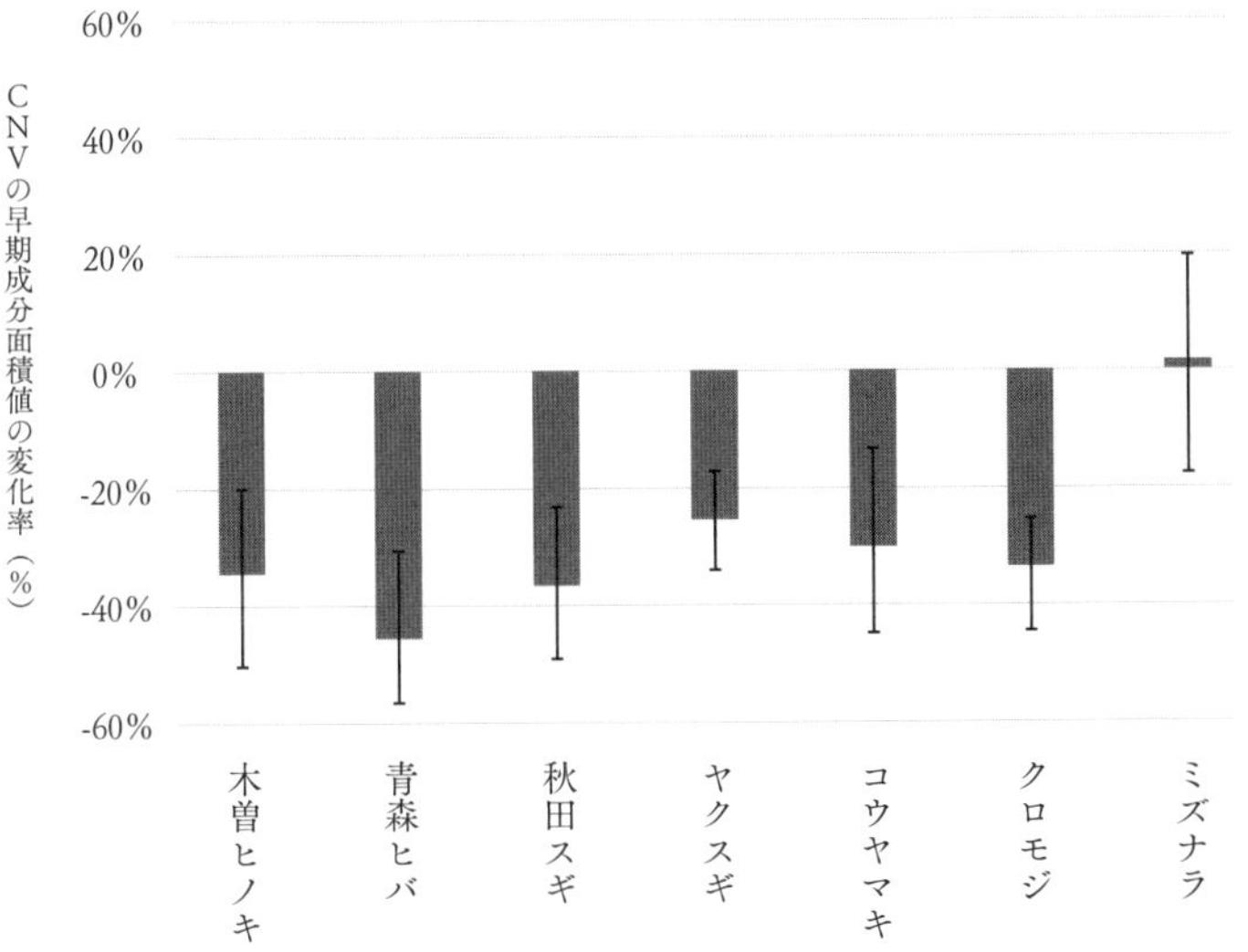

日本で生産されている樹木の精油は、ヒノキ、ヒバ、スギ、クロモジ、クスノキなどだ。多くは少量しか供給できず、デパートやドラッグストアで広く販売するようなフレグランス製品用に調合香料として安定して使用するには量的に難しい。提供できたとしても、手が出にくい価格になってしまう。一方で、その香りや機能への認知度は、雑誌やインターネットの情報などのおかげで上がってきて、その香りの需要は国内外で徐々に増えてきている。

木の香りの再現香料は、天然素材の代替品として、あるいは健康への効果を備えた新たな表現手段として、今後の展開が期待できるだろう。

このように、大学や企業の探究のおかげで、森林の香り、木の香りの機能性や健康への効果が科学的にも明らかになった。樹木がもつさまざまな癒やしの力は、今ではいろいろな方面で注目を集めている。

スタジオジブリの映画『となりのトトロ』の中で、サツキとメイのお父さんは、大きなクスノキの前でこう語る。

「昔は、木と人は仲良しだったんだよ」

森林浴や木の香りについて調べてみると、想像以上に樹木が秘めているエネルギーと包容力に驚かされる。私たちは、自然の中で生かされている、という共存の意識をもつことが必要かもしれない。

四季の香り――植物の生存戦略

日本の四季を彩る花

植物は、多彩な生存戦略を進化させている。私たち人間が恩恵を受けている香《かぐわ》しい花の香り、森林の香り、甘い果物の香りも、実は植物の生存戦略のおかげなのである。さまざまな植物たちの緻密な戦略をみていこう。

植物が受粉をおこなう方法は2通りある。風の力を利用する風媒と、昆虫などの助けを借りる虫媒である。虫媒花は、花から魅力的な香りを発して昆虫を誘い、甘い蜜を提供して受粉を手伝ってもらう。また、熟した種子を散布してもらうため、果実を甘くして良い香りを発散させ、鳥や動物に食べてもらう。

花の香りは、花弁や花被といったいわゆる花びらが香るものが多い。その他にも雄しべ、雌しべやその付け根にある蜜腺から香りが発散される花もあるし、組織ごとに異なる香りを発散して、全体としてその花を特徴づける香りをつくっている花などもある。

香りは、花粉を運んでくれる昆虫を呼び寄せる働きをするので、開花した後に香りを発散し始めることが多い。朝から昼の間だけ、あるいは夜だけ香る花もたくさんあり、一日のうちでも発散量が周期的に変化したり、日が経つにつれて香りの質が変わったりするものもある。たとえば、バラの花粉媒介者はミツバチ、マルハナバチなどのハナバチなので、昼行性のハナバチが活発に活動する朝から昼にかけて香りを強く放出する。ジャスミンは、夜行性昆虫のスズメガが受粉を助けるため、夕方から夜にかけて香りが強くなる。

ありがたいことに日本には四季があるので、季節ごとに香る花によって時の移ろいを感じることができる。散策中、通勤時、ガーデニングのときなどにふんわりと香ってくる花々に心癒やされ、幸せな気持ちになることも多いのではないだろうか。

季節を巡りながら、私たちが普段楽しむことができる代表的な花とその香りの特徴を紹介する。

春〜夏の花

ウメ

早春の2月上旬にウメの開花が春の訪れを告げる。ウメの花は、優しい甘さと酸味とパウダリー感が混ざったチェリーやスモモを思わせるフルーティな香りをもつ。白梅と紅梅で香りが異なり、白梅はベンジルアセテート、紅梅はベンズアルデヒドが特徴成分である。オイゲノールは共通成分である。満開の梅林では、甘酸っぱい芳香が漂い、春を満喫できる。

ジンチョウゲ

3月になるとジンチョウゲの爽やかで優しい香りがあちらこちらで感じられる。中国では「七里香」と呼ばれ、キンモクセイと並んで香りが遠くまで漂うことで知られている。春らしく優しい香りは、フリージアの主要香気成分であるリナロール、シトロネロール、爽やかなグリーン系の香りは、シス−3−ヘキセノールが特徴となっている。

ヒヤシンス

キジカクシ科のヒヤシンスは3月から4月にかけて開花し、ブルーやピンクの鮮やかな花で目も楽しませてくれる。香気成分はフェニルエチルアルコールなどバラと共通するものもあるが、ヒヤシンスの強いツンとしたグリーンノートは、フェニルアセトアルデヒドという成分である。ジャスミンの特徴成分であるインドールも微量みられ、香りを華やかにしている。

サクラ

3月中旬から4月は桜の開花で一気に華やぐ。一般的にソメイヨシノは香りが弱いが、オオシマザクラのように香りの強い品種もある。香気成分は、ベンズアルデヒド、フェニルエチルアルコールなどが報告されており、ほんのりとアーモンド様のフルーティな香りがする。

桜餅に使用される葉は、柔らかいオオシマザクラのもので、塩漬けにして葉の組織が壊れることにより甘くパウダリーなクマリンという成分が発生する。私たちは植物の二次代謝を利用して香り豊かな和菓子をいただいている。

ライラック

リラという仏語の名でも知られている。4月から5月にかけて、背の高い木の枝に咲くことが多い。パウダリーな甘さと爽やかなグリーン系が調和した可憐な花にふさわしい香りである。ライラックアルコール、アルデヒド類が特徴成分である。

フジ

関東ではゴールデンウィーク頃に紫や白の房状の藤の花が満開となり、爽やかなグリーン感のある甘い香りを漂わせる。フェニルエチルアセテート、リナロール、アニシックアルデヒドなど、ハニー感のある優しいフローラルとアニス様のパウダリーやグリーンが特徴的な香りである。

バラ

4月下旬から5月になると多種多様なバラが公園、植物園、家の庭先に一斉に咲く。優雅で上品な香りは、シトロネロール、ゲラニオール、フェニルエチルアルコール、シトラール、ローズオキサイドなどで構成され、ハニー様の優しい甘さとみずみずしく爽やかなフルーティ要素がバランスの取れた香りをつくり出している。品種によって香りも異なり、香りが弱く感じにくいものもある。

ハゴロモジャスミン

5月から6月にかけて、むせるような甘い香りによって近くに咲いていると気づくことが多い。フレグランス香料用に栽培されているジャスミンとは品種が違うが、ベンジルアセテート、インドールなど、ジャスミン特有の華やかな香りが感じられる。経緯は不明だが、日本に入ってきたのは40年ほど前だという。

クチナシ

梅雨の時期、白い肉厚の花から甘くグリーンな香りが漂うと、懐かしい気分になる。「口無し」の名は、一説には果実が熟しても裂けないことに由来しているという。ベンジルアセテート、リナロール、ジャスミンラクトン、シス－3－ヘキセノールなどが強さのある濃厚なフローラルグリーンの香りを構成している。英仏名は「ガーデニア」で、天然香料は採取できないが、香りが良いので香水のモチーフとなることも多い。

秋〜冬の花

キンモクセイ

秋の訪れを知らせてくれる郷愁を誘う花である。中国で「九里香」の名をもち、ジンチョウゲよりもさらに遠くまで香りが漂うとされている。たしかにキンモクセイの甘い香りがして辺りを見回しても、すぐには見つけられないこともある。アプリコット様のフルーティでコクのある香りは、β-イオノン、リナロール、γ-デカラクトンなどの成分が挙げられる。日本ではトイレの芳香剤としてのイメージがあったが、最近は英名「オスマンサス」の香りとして香水などでブームとなっている。

ロウバイ

1月から2月の寒空に黄色い蠟《ろう》のような美しい花が咲く。漢字では「蠟梅」と表記されるが、ロウバイ科ロウバイ属の落葉低木で、梅とはまったく違う植物である。香りは甘さのある華やかなフローラルノートで、リナロール、ベンジルアセテート、インドールなどが特徴成分である。周囲に漂う強い香りで見つけやすい花である。

スイセン

1月以降に白や黄色の花が咲くスイセンは、早春に向かう高揚感を感じさせる。日本でみられるニホンズイセンは、フサザキスイセンに属する。香気成分は、リナロール、ベンジルアセテート、フェニルエチルアルコール、インドールなどで構成され、ジャスミン様の華やかさとバイオレット様のグリーン感がある。

香りも味も刺激的なハーブ・スパイス

植物は、草食動物や昆虫にとってなくてはならないエネルギー源である。植物は動くことができないので食害を受けやすいが、ただ食べられるばかりではなく、種の保存のために多様な手段で防御している。

一般的な方法としては、動物や昆虫にとって有毒な物質を体内に蓄える。あるいは植食者が嫌うような刺激的な強い香り物質、辛味物質、苦み物質を生合成して蓄え、防御戦略として進化させてきた。

植物との長いかかわりの中で、人間はその刺激物質をときには薬として利用し、また嗜好品《しこうひん》として愛用してきた。現在、多くは食生活を豊かにするハーブやスパイス、または漢方薬、アロマセラピーなどに利用されている。

私たちの暮らしをサポートしている香り豊かな野菜、ハーブ、果実を紹介する。

キッチンのユニークな香り

ショウガ

2〜3世紀頃、中国から薬として伝わったとされ、奈良時代には栽培されていた。ショウガは健胃作用、抗菌作用があり、料理に広く用いられる他、飲料、生薬《しょうやく》にも使用され、なくてはならない香味野菜である。

ジンゲロールが主成分で、シュワッとした爽やかでグリーン、ウッディな香りは、シトラール、リナロール、ボルネオールなどのテルペン類（揮発性の香気成分）で構成されている。この香りは、食欲増進効果も期待できる。ショウガは香気成分が豊富なので、精油となり香料原料としても使用されている。

シソ

中国が原産で、赤シソが原種とされている。「命を蘇らせる紫の草」という言い伝えにより紫蘇の字が当てられたという。強い抗菌作用をもち、塩が加わることによってさらに菌の増殖を抑える効果が高まる。梅干しは、この相乗効果を巧みに利用した食品といってもいい。

シソのグリーンで爽やかな甘酸っぱい香りは、ペリラアルデヒド、柑橘系の皮に多く含まれるリモネン、ピネン類によるもので、葉に油胞という香気成分を溜めるカプセルのようなものがある。葉をこすったり、たたいたりすると油胞が壊れてシソの良い香りが立ち上る。

サンショウ

原産地は日本といわれており、『古事記』に「はじかみ」という名前でサンショウが登場している。サンショウの実の痺《しび》れるような辛み成分は、主にサンショオール、サンショウアミドで、消化を助ける働きや身体を温める作用もある。

サンショウの葉は「木の芽」と呼ばれ、主に日本料理にも春の香りとして使われ、親しまれている。シトラス様の爽やかさと若葉のグリーンな香りには、リモネン、ゲラニオール、シトロネラールなどの香気成分がある。

パクチー

セリ科の植物で、地中海東部の沿岸地域が原産。葉は、タイ、ベトナム、中国でよく食されている。パクチーはタイ語で、中国語では「香菜《シャンツァイ》」という。「カメムシ草」とも呼ばれるほど独特の強いグリーン感があり、苦手な人とクセになる人とに分かれる。この特徴的な香りは（E）-2-デセナール、デカナール、ノネナールなどのアルデヒド類により構成されている。

種子を乾燥させパウダー状にしたものは、英名「コリアンダー」の名で市場に出ており、カレー粉などにも入っている。実はいろいろな顔をもつハーブである。

ミント

ミントはシソ科のハッカ属で、ペパーミント（西洋ハッカ）、ジャパンミント（和製ハッカ）、スペアミントなど多くの種類がある。食材、菓子、飲料などに幅広く使用される。スーッと清涼感のある香りは、気分をすっきりとさせてくれる。

スペアミントとペパーミントでは成分が違う。スペアミントの主成分はカルボンとリモネンで、柑橘のような爽やかな清涼感と甘味・青味を感じさせる。ペパーミントの主成分はメントールなので、スーッとする強い清涼感とピリッとした刺激がある。スペアミント、ペパーミントともにオーラルケア、フレーバーなどの香料原料としても使用され、スペアミントは、お菓子やモヒートなどの飲料に、ペパーミントは、ガムなどのフレーバーに使われることが多い。

チャ

チャはツバキ属で原産地は中国。この植物の葉が緑茶の原料となる。日本人にはなくてはならない緑茶には、カテキン、ミリセチン、カロテンなどの抗酸化物質と、ビタミンC・Eが含まれており、近年、健康への効果が明らかになってきている。

緑茶の香りは、品種、産地によっても異なるが、６００種類以上もの香気成分が報告され、シス－３－ヘキセノール、リナロール、ゲラニオール、シスジャスモン、ピラジン類などの香気成分により特徴づけられている。シス－３－ヘキセノールは別名アオバアルコールといい、刈ったばかりの芝生のような香りがする。リナロール、ゲラニオール同様、香料原料としてよく使用されている成分だ。緑茶は、このような香気成分により、青々とした葉、ジャスミン様の花、フルーティ様の甘みなど複雑で豊かな香りが楽しめるのである。

コーヒー

アフリカ・エチオピアが原産とされている。アラビア半島から17世紀の初めにヨーロッパへ渡って広まり、日本へは長崎の出島から入ってきた。コーヒーの赤く熟れた果実を焙煎《ばいせん》したものがコーヒー豆となる。この果実に含まれているカフェインが交感神経を刺激し、緊張や興奮をもたらすことが知られている。そのため、頭をすっきり目覚めさせたい朝や、元気を回復したい休憩時に飲まれているのだ。

コーヒーの香りは、品種や焙煎の長さによって変化するが、なんと約８００種以上の成分が溶け込んでいるという。その中でジヒドロベンゾフランという成分が、カフェインの作用により脳の中のセロトニンと呼ばれる物質に似た働きをすることで、気持ちをシャキッとさせ、ポジティブな感情を生み出すという。

コーヒーの生豆の品種や栽培地をはじめ、焙煎によるメイラード反応（糖とアミノ酸が加熱されると起こる反応）、カラメル化反応、さらに抽出方法などによって香りは変化するが、フルフリルメルカプタン、フルフラールなどのフラン類、ピラジン類、アルデヒド類が芳醇《ほうじゅん》なコーヒーの香りを構成している。

季節を味わうハーブ

ユズ

中国より奈良時代に伝わったユズは、カボス、スダチとともに時間をかけて日本人の生活に溶け込んできた香酸柑橘[*17]である。ポン酢や鍋料理など食生活に欠かせない存在であり、冬にはユズ湯に入って香りを楽しむことも多い。ユズはお湯によって香気成分が湯の表面に溶け出し、香りとともにリラックス効果や身体を温める作用があるので、日本の伝統的な植物療法といえるだろう。

香気成分は80%がリモネンで、γ-テルピネン、ミルセン、チモール、ピネンなどが報告されている。チモールはタイム様の苦みとハーブ感をもち、ユズの特徴的な香りの成分である。

ショウブ

葉の形が刀に似ていることから「邪気を払う」といわれ、端午《たんご》の節句にショウブ湯に入る習慣が中国より伝わってきたといわれている。ショウブもユズ同様、お湯によって成分が溶け出し血行を促進する効果があるという。ショウブの葉を軽くもむと、芋《いも》のような温かみのある香りとグリーン系、ウッディ系の香りが感じられる。

英名は「カラムス」といい、根の部分から精油を採り、香料原料として香水などにも使用している。主要成分であるオイゲノール、アサロン自体にも抗菌効果や抗炎症効果が期待できる。

＊12　香気成分と溶剤が濃縮して固まったもの。

＊13　臨界点以上の温度・圧力下に置いた場合の物質の状態のこと。気体の拡散性と、液体の溶解性をもつ。

＊14　香気成分の分析法の一つ。植物などの試料を密閉容器に入れ、上部空間の気体を取って分析する方法。

＊15　2020年のIFSCC（国際化粧品技術者会連盟）の学術大会において報告。*Reconstituting natural scents of the Japanese woods focusing on the character uniqueness and investigating their functions Japan Wood Project*, Yuko Kashihara

＊16　免疫に関係するタンパク質。

＊17　果肉ではなく、果汁や皮の酸味・香りを主に楽しむ柑橘のこと。

第6章

商品としての香り

生活の中の多様なフレグランス製品

日用品に「使うよろこび」を与える

日常生活のありとあらゆるものに香りは用いられている。朝起きて洗顔し、歯を磨き、化粧水やクリームをつけ、化粧をする。帰宅後は、風呂にゆったりとつかり、シャンプーで髪を洗い、ボディソープで身体の汚れを落とし、入浴後はボディローションで肌に潤いを与える。衣類の洗剤と柔軟剤、キッチンにある食器用洗剤、家じゅうの掃除に使うクリーナーなど多くの日用品に、製品の形態と使用シーンに合ったさまざまな香りが配合されている。

これらの香りは、複数の香料原料が混ざり合った「フレグランス香料」と呼ばれるもので、多くの場合はその製品向けに独自に開発されている。単に心地の良い香りということだけではなく、コンセプトとの一致、製品の基剤に合った拡散性や安定性、さらにトレンドを押さえていることなどが求められる。

これらの日用品は、香りがなくても身体の洗浄や掃除などの目的は果たせられるが、香りがあることで私たちの暮らしに彩りを添え、心の豊かさをもたらしてくれる。

フレグランス製品の香りは、私たちにどのような影響を与えているのだろうか。身近にある日用品について、製品とその香りの変遷を追っていこう。

化粧水と香り

薬用品でもあった化粧水

香水以外の製品で、早い時期に香りが使用されたものに化粧水などのスキンケア製品がある。14世紀にはすでにイタリアでローズウォーターやハーブウォーターが販売されており、当時は、消毒のための飲み物として薬の役割も兼ねていたようである。

肌を保湿し、清潔に保つローズウォーター、ハーブウォーターは化粧水の原型と考えられる。その後、化粧水のラインナップとしてクリームなどに香りがつけられていくようになる。

実際に香料が日用品に使われ始めるのは、合成香料の工業化が盛んになる19世紀の中頃から後半である。香水の大量生産が可能になり、さらに香料原料が安定供給で低価格になると、日用品でも実用一点張りではなく、付加価値を与えるために香料が配合されたものが登場する。

化粧水で好まれる香り

日本では、1897年に資生堂より本格的な化粧水「オイデルミン」が発売された。オイデルミンはギリシャ語で「良い肌」を意味し、ローズ様の香りが配合されたという。

このような背景があり、化粧水をはじめとした化粧品の香りは、ローズやジャスミンを中心としたフローラル系、自然なイメージのフローラル・グリーン系が中心になってきた。

「色の白いは七難隠す」という言葉があるように、日本では昔から色白がもてはやされてきた。1980年代に小麦色の健康的な肌がブームになるが、2000年代になると一転して、また美白意識が高まる。するとスキンケアの香りも美白イメージをサポートするようなみずみずしいアクアティックグリーンやすっきりとしたシトラスがアクセントになったものが増えてくる。

ところが近年、美白やホワイトニングといった画一的な美の表現は、控えられるようになってきた。香りの表現もまた多様性が求められるだろう。

顔に直接つける香りは、心地よく、肌を清潔に保つイメージのものでなければならない。一方で、香水のように香りが肌に残ってしまうと文字通り「鼻につく」ので、穏やかさと程よい香りの強さが求められる。香りが主役でない製品では、香りはあくまでその機能をサポートする役であることが求められる。

お風呂の必須品「石鹸」

懐かしい石鹸の香り

石鹸《せっけん》は、日用品におけるフレグランス製品の草分け的存在である。

１８９０年、海外の製品に肩を並べる品質を目指して、花王は「花王石鹸」を発売した。その後、牛乳石鹸、資生堂が立て続けに安価で高品質な化粧石鹸を発売し、石鹸は外来品から国産品へ、贅沢品《ぜいたくひん》から日用品へと変化していった。

石鹸の原料は、当初は牛脂や豚脂といった動物性の油脂とヤシ油（ココナッツオイル）が一般的だった。そのため原料の油脂のにおいが強く、身体を洗った満足感を高めるためには、香料で基剤臭をカバーすることが必要であった。

１９７０年、花王より現在に続く定番ブランドとなる「花王石鹸ホワイト」が発売される。「クリームみたいな石鹸」をキャッチフレーズに、従来の石鹸よりも白さにこだわり高級感をアピールした。白いイメージに合わせて、ジャスミン、ミュゲ（スズラン）などのホワイトフローラルと拡散性に優れたアルデヒド類、肌残りの良いアンバー、パウダリー、ムスクノートが上品に調和した香りは、多くの家庭で「石鹸の香り」として親しまれ、定番の香調となっていく。

香りは自分だけでなく、周りにいる人にも影響を与える。漂ってくる石鹸の香りを嗅ぐことで、入浴やお風呂上がりを連想する。またそこから清潔感、爽快感、清楚《せいそ》さといったイメージを抱く。こうして石鹸の香りのする人は「清潔感がある」という良いイメージをもたれるようになる。

近年では、石鹸の原料としてパーム（アブラヤシ）がよく使われるようになり、原料のにおいも改善されている。しかし、市場にあるいくつかの化粧石鹸には、発売当初の香りを継承した昔ながらのフレグランスが使われている。

40代がイメージの分岐点

ところが、人々の「石鹸の香り」のイメージが変化しつつある。40代以上に石鹸の香りについて質問すると、たいてい固形石鹸の懐かしい香りをイメージするという。しかし若い世代は、制汗剤につけられた「石鹸タイプ」のシトラスの香りや、シャンプーのような軽く爽やかなフローラル・グリーンの香りを連想するそうである。

かつて石鹸は顔や身体を洗うために欠かせない洗浄料として、各家庭で何個も使用されていたが、１９８０年代以降はボディシャンプーや洗顔料などに取って代わられ、石鹸を使用する機会がなくなってしまったからである。

ボディシャンプーは、基剤の原料臭が少なく、軽く爽やかな香りでもよく漂って心地よくさせてくれる。当初は、固形石鹸のようなフローラル・アルデヒディック系が主流であったが、その後、さっぱり洗いあげるシトラス系、子どもとのお風呂時間を楽しめるベリーやピーチなどのフルーツ系、肌への優しさや保湿をうたう、スキンケアイメージを与えるフローラル系やクリームのような香りなど、コンセプトに合わせて多様なバリエーションが展開している。

お風呂好きの国民が愛する香り

世界で有数の風呂好きの日本人に、その理由を尋ねたところ、「清潔になれる」がもっとも多く、次いで「疲れが取れる」「気分が落ち着き、リラックスできる」などの回答が5割以上あったという。時代の移り変わりにより「石鹸の香り」は変化してきているが、いつの時代も、石鹸やボディシャンプーに求められるイメージは、お風呂が愛される理由と同様、さっぱりとキレイになれる清潔感と心地よさである。

シャンプーの変遷

シャンプーの登場

１９５５年に登場した粉シャンプー「花王フェザーシャンプー」は、「少量のお湯で洗髪できる」「汚れをよく落とす」「洗いあがりが良い」などの特長で、石鹸での洗髪が一般的だった当時の状況を一変させた。

１９６５年にはライオンが液体シャンプー「エメロン」を発売する。ブルーは爽やかなラベンダーの香りで、フケ・かゆみ防止の効果を、ピンクは甘いジャスミンの香りで、洗いあがりと香りの良さがうたわれている。当時まだ馴染《なじ》みの薄いラベンダーやジャスミンの香りを新製品に導入したことは興味深い。これまでにない斬新な香りは、人々に液体シャンプーを印象付ける大きな要因になっただろう。
人々がまだ週に１～３回程度しか洗髪しなかった当時の関心は、主にフケ・かゆみ防止であった。

この悩みに応える新しいシャンプー「メリット」が１９７０年、花王より発売された。ジンクピリチオン（抗菌剤）を配合し、機能性をアピールしたメリットは、家族全員が使えるシャンプーの先駆けとして広く普及し、現在まで続くロングセラーとなる。

当時の香りは、ローズ系フローラルを中心にシトラス、ウッディ、パウダリーがアクセントになった、ユニセックスで爽やかさと薬効感を感じさせる香りであった。ジンクピリチオンの原料臭をカバーする意味合いもあったと思われるが、この個性的な香りが、フケ・かゆみ防止の効果感をうまくサポートしていた[*18]。

華やかな香りとケア要素を備えた製品

洗髪が定着した１９８０年代から90年代は、シャンプー市場の変革期となる。長い髪が流行し、パーマやヘアカラーが頻繁になったことで「髪の傷み」という新たな悩みが出現した。この時期に外資系メーカーも参入してきて、国内メーカーとともに、ダメージケア、マイルド系、ナチュラル系などの特色をアピールするようになる。

華やかなハリウッド女優をＣＭに起用したユニリーバの「ラックス」は、その高級感とダメージケアというコンセプトが当時の女性に支持され、瞬く間にトップブランドとなる。ジャスミンやミュゲのホワイトフローラルにみずみずしいグリーンアップルやムスクが調和した香りは、これまでにない高級感と女性らしさが表現されていた。その後もラックスが、ファミリー使用だけでなく個人使用のシャンプーとしてトップブランドを維持することにより、香りも王道となっていく。

２０００年以降多くのブランドが立ちあげられるが、香りは総じてラックスにみられるようなフローラル・グリーン・フルーティに分類される。特に、グリーンアップルやペア（洋ナシ）系のちょっと酸味を感じさせる爽やかなフルーティのトップノートは、シャンプーの香りには欠かせない要素となった。このみずみずしいフルーティとフローラル・グリーンは、シャンプーに「清潔感」「髪に優しいイメージ」という2大要素を与える香りのキーポイントである。

また、髪に残る香りは、洗ったという実感を味わううえでとても重要なので、シャンプー以上にコンディショナーとトリートメントは香りがしっかり残るよう設計されているものが多い。

国ごとの違いと新しい流れ

海外シャンプーの香りをみてみると、日本との違いや国ごとの個性を実感することがある。

韓国では一般的には香水タイプが人気だが、漢方のような薬効イメージが強いものもある。フランスではシャンプーでもアボカド、ココナッツ、マンゴーなど、素材そのものの個性に焦点を当てた香りやフローラルブーケ調、ハーバル系など、人種、髪質、髪の色に合わせて多種多様である。

各国の文化的な背景もあるが、日本人の髪質や色が他国に比べて幅が狭いことも、海外に比べて香りのタイプが画一的になった要因と考えられる。

ところが、近年、日本のシャンプー市場に変化が現れている。新興ブランドによる１５００円ほどの高価格帯シャンプーが、大手ブランドの低価格帯シャンプー市場を席巻《せっけん》する勢いをみせている。これまでになかったシンプルでお洒落《しゃれ》なパッケージと品質の良さ、さらには睡眠中の乾燥・摩擦ダメージから髪を守るナイトケアの発想など、化粧品のようなコンセプトが支持されているという。ニッチ系の香水同様、大規模な宣伝投資が難しい反面、ＳＮＳでの発信も追い風となっている。

香りも、ブランドごとに特徴をもたせている。「アプリコット&ジャスミン」や「爽やかなホワイトティー」など、素材の香りを楽しむようなものから、ハチミツの保湿成分配合のオーガニックケアコンセプトに合わせ、ハニーノートが効いた香りまで、多様性のある香りの流れが生まれている。

ファブリックケアの香りで家事を楽しく

粉末洗剤から液体洗剤へ、形態による香りの変化

洗濯機が普及していったのは、1950年代。家庭の「三種の神器」の一つとして、憧れの家電製品になった。それとともに、メーカーも粉末衣料用洗剤を本格的に販売するようになっていく。

1960年の花王「ザブ」の発売を皮切りに、ライオン「ブルーダイヤ」「トップ」が相次いで発売された。当初、粉末洗剤の香りは基剤臭をカバーし、洗浄効果を実感でき

るようなフローラル・グリーン・アルデヒドに爽やかなシトラスがアクセントになったものが多かった。

1980年代に、これまでの粉末洗剤の4分の1の大きさのコンパクト洗剤が発売される。洗剤の使用量の変化が、香りにも影響を与えた。少量の使用でも洗いあがり時のインパクトを強めるために、アップル、ペアなどのフルーティアクセントを入れるなどの工夫がされた。

2000年以降になると、粉末洗剤から扱いやすい液体洗剤へ人気が移り、液体洗剤もコンパクト化していく。「面倒な家事時間を香りで楽しむ」がフレグランスコンセプトのP&Gの「ボールド」、ライオン「香りつづくトップ」が発売される。気分を明るくするローズ、アップル、ピーチなどをアクセントにしたフローラル・フルーティや優しく香るソープタイプなど、香りも選べるようバリエーションを増やして展開された。

同じ頃に香水でフローラル・フルーティの香りが流行したこともあって、液体洗剤全般にフローラル・フルーティな香調が広がり、さらにみずみずしいアクアティックグリーンが加えられ、透明感のある爽やかなイメージが強調されている。

そして近年では、コロナ禍によりウイルス除去のニーズが高まり、抗菌、抗カビ、洗浄力のアップなど、機能性重視の商品が販売されている。ハーバル・フローラルやリーフィグリーンなど、自然のイメージと持続性に優れた香りで、効果感と清潔感をサポートしている。

柔軟剤の香りが注目された２０００年代

海外の日用品メーカーの人が来日して、小売店の柔軟剤売り場を見て驚くのは、その華やかさだという。海外では、花々がちりばめられたカラフルなパッケージの柔軟剤はあまりお目にかからない。

２０００年以降、花王「ハミングフレアフレグランス」やＰ＆Ｇ「レノア」など「香りや防臭効果」をうたう柔軟剤が登場したことにより、柔軟剤市場が変化していく。本来、柔軟剤は衣類を柔らかく、着心地を良くすることが基本の機能である。そこに加えられた「香り」の付加価値を消費者は敏感にとらえたのだろう。

そして２００６年にＰ＆Ｇ「ダウニー　エイプリルフレッシュ」が日本に上陸し、一大ブームになったことで柔軟剤の香りにおけるトレンドが変革していく。ダウニー　エイプリルフレッシュの香りは、オレンジフラワー、ミュゲなどのホワイトフローラルにパチュリなどのウッディやパウダリーノートがアクセントになった、いわゆる「海外っぽい」濃厚な香りである。

インフルエンサーと呼ばれるカリスマ消費者の発信により、香りに注目が集まり、そこから柔軟剤は香りを楽しむもの、という意識が生まれてきたと考えられる。

実際に、大手生活用品メーカーのライオンが「自分からいい香りを漂わせたいときに使用するアイテム」について意識調査した結果を参照すると、柔軟剤が香水を抑えてもっとも高い割合となっている[*19]。また、柔軟剤の香りは「清潔感がある」「きちんとした生活を送っていそう」など、日本人にとって好感度が高いイメージがあるそうだ。今や柔軟剤は、香水に代わる香り付けの役割も担っている。

２０１０年以降では、ライオンから香りとデオドラントに訴求した「ソフラン アロマリッチ」シリーズが発売される。5種類ほどのバリエーションの中でもっとも消費者の受けが良かったのは、ローズ系フローラルにバニラ、サンダルウッドなどが組み合わされたスイートなオリエンタル調の香りの商品であったという。シャンプーや洗剤に求められる香りは、爽やかで透明感のある、どちらかというと控えめなイメージなのに対して、柔軟剤は積極的に甘い良い香りをさせて、自分も周囲も心地よくする感覚なのだろう。まさに「纏《まと》う香水」である。

スメハラ問題を避けるために

ひととき、柔軟剤については香りの持続性や残香に意識が向きすぎて、スメハラ問題が浮上していた。強い香りで体調不良を起こす「香害」も、この頃からメディアで取り上げられるようになった。いつも同じ香りを使っていると、嗅覚疲労を起こして感じにくくなり、製品を使う量が増えてしまう傾向がある。

いくら良い香りでも、強度が強いと嗅覚は疲れてしまう。「香りは儚《はかな》いものだから魅力的」と割り切って、メーカー側も消費者もフレグランス製品を適量で扱い、楽しむ意識が必要である。

芳香剤というリラクゼーションアイテム

１９７０年代に生まれた芳香剤

芳香剤には、ゲル剤、水系、スプレー、リードディフューザー（木製のスティックなどで液を吸い上げ、空気中に発散させるアイテム）など、さまざまな製品の形態がある。

芳香剤の基本的な役割は、空間に漂う悪臭を軽減したり消臭することである。芳香剤を家のどの場所で使用するのかを調査した結果によると[*20]、１位がトイレ、２位がリビング、次に玄関、寝室の順であった。これは、においが気になる順番ともいえるだろう。

日本の芳香剤の歴史は１９７０年代に、エステー「エアーシャルダン」、小林製薬「サワデー」が発売された頃から始まる。当初は、スプレー式やゲル状芳香剤が多く、防臭対策として主にトイレで使用された。芳香剤は香りで選ぶものなので、香りがイメージしやすいラベンダーやキンモクセイが人気だった。

なぜローズやジャスミンでなくキンモクセイなのかというと、昔、水洗トイレが発達していない時代に、トイレのそばにキンモクセイの木を植える家が多かったため、馴染みがあったからだと思われる。におい対策の製品が登場する以前に、もともとキンモクセイが芳香剤的に利用されていたことは興味深い。

香りを積極的に楽しむアイテムに

２０００年以降、トイレ以外でも芳香剤を使用するシーンが増えると、ソープ、ピーチ、グレープフルーツ、森林、ローズ、スカッシュなど、多様なバリエーションが登場し、香りを楽しむ方向に変化してくる。

そして２０１４年ぐらいから、香りを楽しむ以外にもインテリアとして飾れる商品が登場し、芳香剤市場に変化が訪れる。香りは、オリエンタル調、シプレー調などの香水タイプのものや、「オレンジ＆ベルガモット」といった香り素材をファンシーに表現したものが登場する。インテリアショップでは、海外のリードディフューザーが人気となり、そのお洒落な見た目がＳＮＳで取り上げられ、日本メーカーの製品も一気にインテリア系芳香剤市場に参入していく。

現在、芳香剤は自分が気に入った香りを、好きな場所に置いてリラックスしたり、気分に合わせて商品を替えてリフレッシュするような、エモーショナルな価値をもつ製品になっている。

一方で、人間の嗅覚受容体のメカニズムを利用して、トイレの悪臭を感知しにくくさせる（267ページ参照）など、高い機能性をもった商品が登場している。これらの製品には、その機能をサポートしつつ持続性のあるグリーン系、アクアティックグリーン系の香調が多くみられる。

生活に小さな幸せをもたらす

このようにスキンケア用品や日用品は、時代背景とともに製品の形態やコンセプトが変化し、それに寄りそって香りのあり方も変わってきた。ときには製品メーカーが香料会社と協力して香りのトレンドを創り出し、ときには消費者が香りのブームを生み出して、それぞれの分野で製品のカルチャーのようなものがつくられてきたように思う。

ここ数年、洗濯や掃除などの家事をするときに香りを活用して、きっかけやモチベーションアップに繋げるような感性工学の考え方が、フレグランス製品の開発にも導入されている。

洗いあがった洗濯物を干すときにふっと漂う香りは、あちこちの家庭で小さな達成感と幸せを生み出しているに違いない。

企業の香り戦略

購買意欲と香りの関係

デパートやスーパーマーケットのお惣菜《そうざい》売り場で、試食の焼き肉やソーセージの美味しそうなにおいが漂ってくることがある。においのする方を見ると、同じように、においに惹《ひ》かれた人たちが集まっている。また、コーヒー、カレー、焼き立てのパンなど、空腹なときには逆らいがたい香ばしいにおいに、ついふらふらとお店に吸い込まれてしまったことがあるだろう。

実際に、店舗で食品を売る際、商品そのもののにおいや商品に関連した香りを流すと、消費者の購買行動に変化が起きるそうである。

このような、においの効果を活用して購買意欲を促進させたり、イメージを与えたりする販売戦略を「香りマーケティング」という。昨今この「香りマーケティング」がさまざまな業界で取り入れられ、注目されている。

ある特定のにおいが、それにまつわる情景や感情などの記憶を誘発する現象は、「プルースト効果」と呼ばれている。フランスの作家マルセル・プルーストの『失われた時を求めて』にちなんだ名前である。家のにおい、食べ物のにおい、季節の花や香水の香りなど、印象に残ったにおいから懐かしさ、心地よさ、喜怒哀楽の感情が呼び起こされることは、個人差はあるが誰しも経験があるだろう。

香りマーケティングでは、この香りの記憶効果を活用して、特定のイメージを顧客に与え、ブランドの印象を良いものにしている。結果、その商品・サービスを利用することで感情的に得られる満足（情緒的価値）が高まるのである。

姿や手触りはないけれど、マーケティングに利用されている「香り」。その手法はどのようなものだろうか。

香りマーケティング

顧客の感情を動かす「ブランド・セント」

基本となるのは、商品やサービスを提供する場所で特定の香りを漂わせ、その香りの印象と一緒に、顧客にブランドを記憶してもらう方法である。再度その場所を訪れたときに、香りとそのブランドイメージがさらに強く結びつく。企業や店舗が自分たちのブランドイメージに基づいて独自に創った香りは「ブランド・セント」と呼ばれていて、これを活用した販売戦略は、感情的な部分にまで訴求することができるという点で効果的である。

ブランドを記憶させる以外にも、香りでイメージをコントロールすることも可能になる。たとえばウッディ・スパイシーな香りであれば、重厚感とシャープな印象を、甘くフローラルな香りであれば、優しい女性的な印象を与えることができる。

また、店舗などに香りを漂わせると、居心地の良さ、楽しさなどの「満足体験」が得られる。自分にとって好ましい香りの場合は、滞在時間が長くなり、衝動買いなども増えるという。なにより、顧客が香りによって高揚感やリラックス感をもつことができれば、購買意欲自体も高められる。

顧客の方だけではなく、その場所で働く人にも良い効果が得られる可能性がある。香りによっては、リラックス効果、集中力のアップ、ストレス低減などの生理・心理的効果が期待できる。

このようにブランド・セントをマーケティングに活用するメリットはたくさんあるが、ただ香りを振りまけば良いわけではない。偏った嗜好《しこう》の香りや強すぎる香りは、かえってブランドイメージを損ねてしまうこともあるので注意が必要である。

次の項では、香りマーケティングを実践している事例を紹介する。

各ブランドの香りの使い方

グローバル展開するラグジュアリーホテルの中には、ホテルのブランドイメージを統一させるためコンセプトを決めて、全ホテル共通の香りを使用している。

たとえば「スリープ・ウェル」を提唱し、ホワイトティーの香りをロビーやアメニティで楽しめるホテルがある。一方で、東京は「日本庭園をイメージしたグリーン・シトラスの香り」、大阪は「神秘的なムスキー・フローラルな香り」、と場所によって香りを使い分けているホテルもある。これらのホテルでは、それぞれの香りをルームフレグランスやアメニティなどの商品で購入できるので、家でもホテルライフの気分を味わうことが可能となる。

また、海外資本のファッションブランドでは、店内にオリジナルのフレグランスを漂わせている例が多い。ブランド・セントを導入した当初、関連する香水の売上が30%アップしたというアパレルブランドまである。そのブランドでは、コンセプトをユニセックスに変更した際、香りをセクシーなものからカジュアルな印象のものに替えてイメージチェンジしたそうである。

別のラグジュアリーブランドでは、バジル、ジュニパー、コリアンダーの香りやパチュリ、シナモンの香りで、顧客にエレガントでクラシックなイメージを抱かせているという。

もちろん、企業のブランドイメージづくりは、香りだけに頼ったものではない。音楽や照明もブランドに合ったものをセレクトし、総合的に五感に刺激を与えるような工夫がされている。

さらに広がる〝癒やし〟の香り戦略

ある大手自動車メーカーでは、ショールームに四季に応じたフレグランスを漂わせ、心地よく過ごせるようおもてなし感を高めているという。

他にも、来場者に本格的なリラックス空間を提供するために、オリジナルの特別な香りを漂わせている水族館もある。交感神経に働きかける天然成分の研究から生まれた、爽やかなグリーン系のフレグランスである。ストレスを軽減するのに効果があるという。また、ここでは、場所や時間によって香りを使い分けており、積極的にリラックス空間の演出をおこなっている。

このように、多種多様な業界で香りマーケティングの取り組みが始まっており、ビジネスにおける情緒的価値が再認識されている。

消費者は、良質な商品、機能性やサービスとともに心の充足を求めていると思われる。香りは、今後そのサポートの要となるだろう。

これからのフレグランスの香りのあり方

人と環境に優しい香り創り

近年、世界的な気候変動や新型コロナの影響によって、環境リスクや健康・安全への意識が急速に高まる傾向が見えてきた。

世界中のさまざまな企業がＳＤＧｓ（持続可能な開発目標）やＣＳＲ活動（企業の社会的責任）の取り組みをおこなっている。特に欧州では、ＥＵ法により会社に社会的な責任が求められているので、ＣＳＲ活動について真剣にならざるを得ない。

多くの企業が、環境への配慮を義務と捉えずに、ＳＤＧｓを積極的に自社のブランドアップに繋げており、主要製品の原料情報を開示するなどして、消費者へのイメージアップを図っている。

欧米で多く販売される香水などのフレグランス製品は、原料情報の開示、ナチュラル素材をメインとしたもの、ヴィーガン対応など、環境負荷の低減や多様性をコンセプトとしたものが発売されている。商品パッケージについても、リサイクル原料の活用、使用後に小さくたためる容器など、消費者に伝わりやすいアプローチがおこなわれている。

フレグランス製品の分野では、調合香料のサステナビリティへの取り組みをする場合、以下のようなことをおこなっている。ここにいくつか例をあげる。

・人の健康や環境保護のための安全性の表示（GHS[*21]ラベル、アレルゲン情報など）
・生分解性に優れた香料の使用
・天然香料（オーガニック認証香料、フェアトレード認証香料など）の使用
・構成炭素の由来を石油から再生可能原料に替えた香料の使用
・ヴィーガン、ハラール対応
・調合香料の環境に及ぼす負荷（温室効果ガスCO_2排出量）の情報提供

香りで、サステナビリティや環境配慮への取り組みをどのように表現していくかは、最終製品メーカーの意向や製品コンセプトによっても変化する。たとえば、生分解性に配慮したシャンプーであれば、シンプルで透明感のあるアクアティックグリーンの香りがふさわしいだろう。

フレグランス製品には、香料の原料レベルから調合香料まで、人と環境への安全・安心が求められており、今後その傾向は強まっていくだろう。

また、こうした地球環境への配慮の取り組みと一緒に、香りで人々のＱＯＬ（クオリティ・オブ・ライフ、生活の質）の向上と心身ともに満たされた継続的な幸せ（Well-being：ウェル・ビーイング）に貢献していくことが期待されている。

科学的アプローチによる消臭＆香り戦略

清潔志向の高まりに伴い、体臭をはじめとする生活臭に関心が向けられている。たとえば、部屋に残る加齢臭、枕などの寝具にしみ込んだ汗のにおいに対し、消臭製品の需要が増していることでもわかる。

消臭技術としてよく用いられるのが、香りによる「マスキング」である。これは悪臭よりも強い香りで悪臭をカバーし、不快さを低減する方法である。しかし、強すぎる香りは使用者に不快感を与えてしまうこともあり、万人に歓迎される心地よい香りによる消臭が課題であった。この課題の解決にも繋がる、嗅覚受容体の働きを活用する新しい科学的技術が注目されている。

図9　レセプターブロックの消臭のしくみ

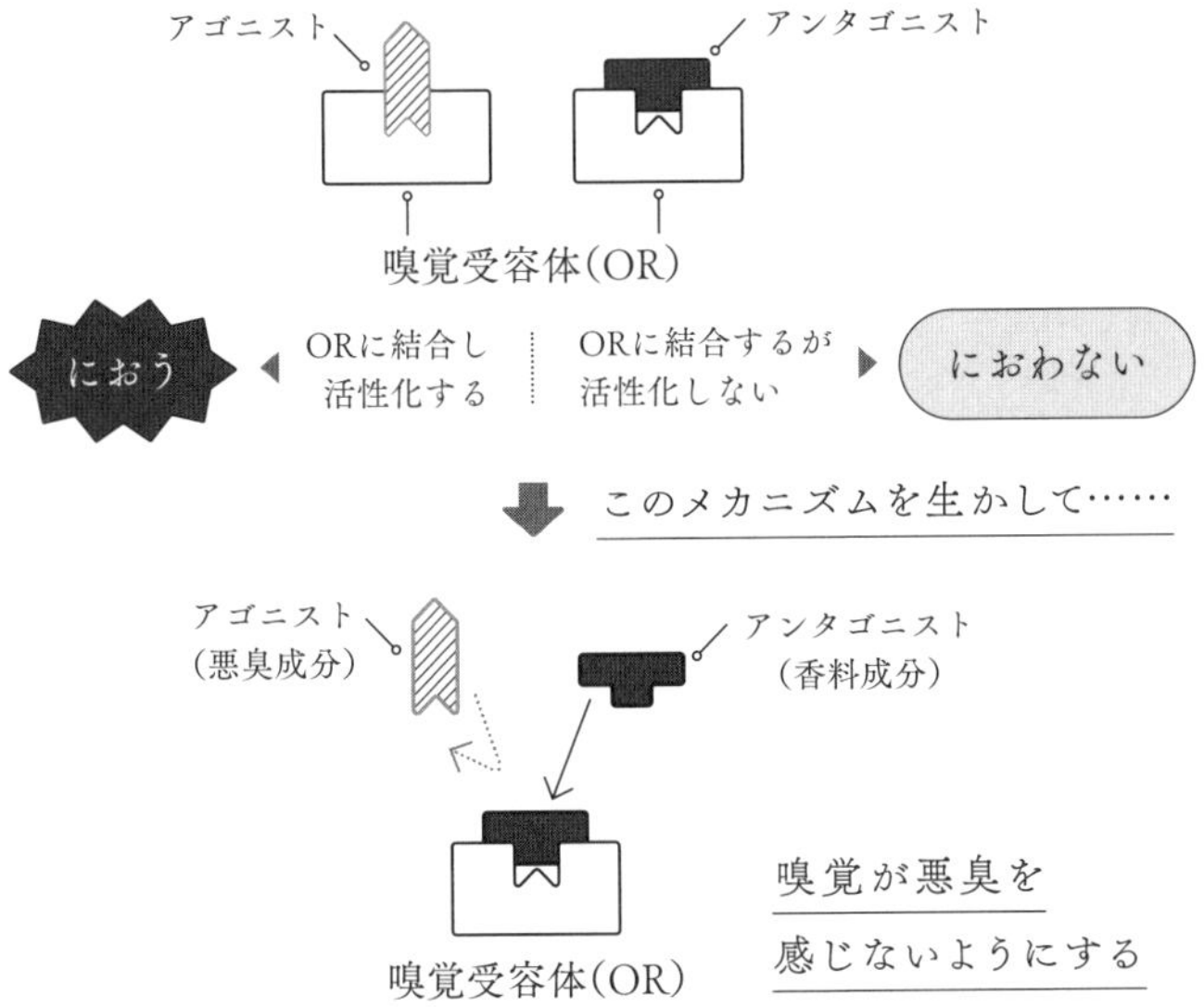

この技術は、特定の悪臭成分に応答する嗅覚受容体をアンタゴニスト（拮抗剤《きっこうざい》）でブロックすることにより、抑制したいにおいを選択的に低減することが期待できるもので、「レセプターブロック」とも呼ばれている。

レセプターブロックによる消臭イメージについて図9を用いて簡単に説明すると、特定の嗅覚受容体（OR）に対して結合し、活性化する（におう）分子をアゴニスト（作用剤）、一方、結合はするものの活性化しない（におわない）分子をアンタゴニストという。

同じ嗅覚受容体に結合できるアゴニストとアンタゴニストが同じ空間に存在するとき、両者はそこを奪い合って競合する。ここで、アゴニストを悪臭成分、アンタゴニストを香料成分とした場合、香料成分が悪臭成分の嗅覚受容体への結合をブロックすることで悪臭の情報が脳まで届きにくくなり、その結果感覚的な消臭をもたらす。

高砂香料では、この消臭メカニズムを応用し、多くの人を悩ませている加齢臭・腋臭《わきが》などの体臭、介護において大きな困りごとの一つである介護臭に対し、それらの不快感を低減する香料の研究開発がおこなわれている。

中年以降に増加してくる特有の体臭である加齢臭は、古本のような青臭さ、脂臭さがある。これは２－ノネナールや２－オクテナールなどの不飽和アルデヒドが悪臭成分として報告されている。そこで約４００種類存在する嗅覚受容体の中から、加齢臭のキー成分に応答するものを探索した。その結果、ＯＲ２Ｃ１という嗅覚受容体が２－ノネナール、１－オクテン－３－オンを受容することが見いだされた。

次に、ＯＲ２Ｃ１のアンタゴニストを約８００種類の香料素材よりスクリーニングをおこない、ピックアップしていく。それらの香料素材に対して、嗅覚受容体への応答阻害活性と官能評価を検証した結果、加齢臭成分の消臭に有効であることが明らかになった[*22]。

レセプターブロックなど新しい科学的技術は、従来の調香技術（調合香料）と組み合わせることにより、生活臭・悪臭について対策の幅が広がってきている。これらの消臭技術は、パーソナルケア（ボディソープ、シャンプー、デオドラント剤、おむつ）、エアケア（ファブリックミスト、部屋用・トイレ用芳香剤）、などを中心に幅広い製品展開が期待できる。

＊18　現在メリットの香りは変更されている。
＊19　田中結子「ファブリックケア製品における香りの変遷」（「におい・かおり環境学会誌」46巻6号、２０１５年）
＊20　ウェブ調査（高砂香料）。
＊21　化学品の分類および表示に関する世界調和システムのこと。それに基づいたラベルを製品に付けることが推奨されている。
＊22　２０２０・２０２１年、ＩＦＳＣＣ（国際化粧品技術者会連盟）学術大会報告 *Development of Novel Deodorant Fragrance Using the Olfactory Receptor Technology*, Hisashi Mihara

第7章

香りの旅に出かけよう

旅で積み重ねた香りの記憶

旅の香りが人生を豊かにする

旅は五感をフルに刺激する。特に海外では、目にする景色、耳にする音楽、珍しい料理やその土地のにおいによって印象的なものとなる。

初めて訪れた場所は、とりわけ強く記憶にとどめられる。再び訪れる幸運があれば、変わらぬ景色やにおいから記憶がよみがえり、懐かしさを味わうこともできる。

旅の楽しみはたくさんあるが、その地ならではの香りやにおいを感じることは、自然環境や植生を学び、文化的背景、人々の暮らしを知ることにも繫《つな》がり興味深い。

最終章では、記憶に残るいくつかの土地の香りと、実際の旅ではないが、香りを感じ、楽しむ体験のあれこれを紹介していく。

甘く優しい風が流れる島——ハワイ

観光客を迎える花々の歴史

だいぶ昔のことになるが、初めてハワイ・オアフ島を訪れ、空港で市内に向かうバスを待っていたときのことである。どこからか甘さを含んだ優しい風が流れてきて、まるでハワイに歓迎されているように感じ、この上なく幸せな気分になった。

それもそのはず、ハワイ空港には土地の新鮮な花でつくられたレイのグリーティングサービスがあり、当時あちらこちらで色鮮やかなレイを首にかけたツーリストたちがたくさんいたのだから。あるいは、近くにプルメリアの木があって、花の香りが風に乗って漂ってきたのかもしれない。

ハワイ諸島はハイビスカス、プルメリア、ブーゲンビリアなど色鮮やかな美しい花々で彩られ、通りを歩くだけでも楽しい。ハワイの州花として制定されているのはマオハウヘレという品種の黄色いハイビスカスで、ハワイ諸島の固有植物の一つである。

しかし、よく目にするトロピカルフラワーのほとんどは、人によって外部からもち込まれた外来種である。ジャスミン（マツリカ）の一種であるピカケは、１８００年代にサトウキビ畑の労働力として移民してきた中国の人々によりもち込まれた。ロケラニというレモン様の爽やかさと甘く濃厚な香りをもつ濃いピンクの八重咲のバラは、１８２０年代に導入され天国のバラと呼ばれて親しまれている。

今ではハワイを象徴する花として有名なプルメリアも、１８６０年代に植物学者によりもち込まれたものである。高い木に紫色の涼しげな花が咲くジャカランダは１９００年代初めにハワイ諸島に移植されて広まり、今では春を告げる風物詩になっている。

このように、風土や気候に合った多くの外来種が根付き、現在のハワイの植生を形成していったのである。そして、ハワイ王国の最後の王女、プリンセス・カイウラニが愛した花として有名なピカケのように、ハワイの人々に親しまれてきた。古い時代にポリネシアから伝わり、この地で発展したレイにも、プルメリア、ピカケ、ホワイトジンジャーなど香り高い花が使われている。

「ハワイの香り」を守る環境活動

それにしても、ハワイの風はなぜあんなにも優しく清々しいのだろう。

その理由の一つは海にある。ハワイの海はサンゴ礁に囲まれているので、草食性の魚が多く、海藻を食べてしまうという。浜辺に打ち上げられるコンブのような海藻がほとんどない。また、川が多くないことから、海に植物性プランクトンがあまり流れないので、磯のにおいの原因となるその死骸の発生も少ないそうだ。海辺でも、日本で感じるような磯のにおいがしないので、花や植物の香りが届きやすいといえるだろう。

現在、ハワイでは州をあげて海洋汚染対策に取り組んでいて、ＮＰＯ団体も活動している。ここ数年で徐々に成果が現れ、きれいなサンゴ礁の海が戻ってきている。サンゴ礁が元気だと、きれいな海が維持できるのである。

ハワイのナチュラルで穏やかな空気感は、稀有《けう》な自然とそれを守る人たちの努力の賜物といえる。いつまでも碧《あお》い海が輝き、美しい花が咲き乱れ、甘く優しい風が流れるハワイであってほしい。

エキゾチックな異国の香り――モロッコ

五感で味わうスークの活気

アフリカ大陸とヨーロッパ大陸の交差点に位置するモロッコは、アラブ・イスラム文化とスペイン、フランスのヨーロッパの文化との出会いの場である。

モロッコの首都・ラバトから東へ200㎞ほど内陸に入った場所にある内陸都市フェズは、8世紀末にベルベル人のイドリス1世によって建設が開始され、その後、マリーン朝をはじめとするイスラム王朝の首都が次々と置かれたモロッコの古都である。13～14世紀にかけては、宗教、学問、文化、商業の中心地として大いに発展・繁栄した。

なかでも、東西2・2㎞、南北1・2㎞の城壁に囲まれたメディナ（旧市街）には、モロッコ最古にして北アフリカ最大規模のカラウィーン・モスクをはじめ、この時代に建設された数多くのモスクやマドラサ（イスラム世界における高等教育施設）などの貴重な歴史的建造物が残されており、1981年には世界遺産に登録されている。

フェズのメディナの内部は、外敵の侵入を防ぐ目的から狭い路地が複雑に入り組み、建物がひしめき合うようにして建てられている。そのため、フェズは「世界最大の迷宮都市」とも呼ばれ、人がすれ違うのがやっとという狭さの路地には車が進入できない。今もなお昔からの輸送手段であるロバやラバが活躍する風景は、まるでタイムスリップしたような感覚を味わわせてくれる。

この街は、職人技が生かされた手工芸品のスーク（市場）、肉・野菜など食品専門のスークなど、エリアごとに同じような種類の店が集まる問屋街のように形成されている。メディナを歩くと、それらの小さな店から威勢の良い客引きの声とともに、ありとあらゆるにおいと香りが押し寄せてくる。

特に有名なのは皮革製品で、店の数が多い。カラフルな色で染め上げられたバブーシュ（モロッコ風スリッパ）やクッション、バッグの革のスモーキーで動物的なにおい、ところせましと壁にかけられた絨毯《じゅうたん》の羊毛の温かみのあるにおいなどが漂ってくる。その一方で、麻袋に入って山盛りになって並ぶブラックペッパー、ターメリック、サフラン、ジンジャー、コリアンダーなどの食欲をそそるスパイスの香り、デーツ（ナツメヤシ）などドライフルーツの甘く芳醇《ほうじゅん》な香り、さらには道端に無造作に並べられた新鮮なミント、レモンヴァーベナ、マジョラムなどのフレッシュなハーブなどのにおいも鼻に飛び込んでくる。

動物性の香りや力強く爽やかな香りが入り交じり、鼻腔を刺激する。カラフルな色と光、ざわめく音と香りの饗宴《きょうえん》は、イスラム文化特有の異国情緒をつくり上げ、訪れる人々をわくわくさせる。

伝統工芸の職人たちのプライド

また、フェズにはタンネリ（タンニンが語源）と呼ばれるなめし革工場がいくつかある。11世紀にできたもので、牛、羊、ヤギ、らくだの皮を手作業でなめし、染色している。上から眺めると、人が1人入って作業できるコンクリート製の桶《おけ》が数十個ならんでいて、さながら巨大なパレットのようである。

皮はまず洗浄し、柔らかくする目的で、鳩《はと》の糞《ふん》や石灰などでつくられた白いアンモニア液に浸けられる。こうすることで動物の皮から毛や皮下組織を取り除き、染料も染み込みやすくなるのだという。皮を柔らかくした後は、染料が入った桶に皮を漬け込んで染めていく。青色はインディゴ、黄色はサフラン、赤色はポピー、オレンジはヘナなど天然の染料を使用しているとのこと。

この染色液は独特のにおいがある。豆を煮たような発酵臭、渋み、青臭い干し草のようなにおいが漂ってくる。そこにアンモニア臭が相まって強烈な刺激となる。このにおいの中で、重い皮を扱う作業は大変な労働である。機械化が進んだ現代で、天然の原料にこだわり、昔からの製法が引き継がれているということは、それだけ地元の伝統工芸に誇りをもっているのだろう。

フェズはまさに悠久のモロッコの香りを体験できる貴重な場所である。

友人宅のおもてなし

モロッコは、ローズ、ジャスミン、ミント、セダーウッドなどの天然香料の産地でもある。特に香りが良いとされるダマスクローズの生産で名高い。

私がラバトにあるモロッコ人の友人宅を訪れたときのことである。玄関に入ると両手にローズウォーターがふりかけられた。

客人には、まずローズウォーターで手を清めてもらい、良い香りでお迎えする、という洒落《しゃれ》たおもてなしである。アラブ的な細工が施されたシルバー製のボトルの先端からふりかけられるローズの香りは魅惑的だった。

おもてなしの第2弾はミントティーである。夏の気温が地域によっては50度近くにもなるモロッコでは、暑い夏こそ熱いミントティーを飲んで身体をすっきりさせるのだという。

まず、テーブルの上に山のように積まれたミントの小枝から葉をちぎり、茶葉も少し加えて、「これでもか！」というぐらいポットに詰める。そして、「少し多すぎるのでは？」というぐらいお砂糖を加える。そこに熱いお湯を注いで1分程度煮出し、半量をグラスに注いでポットに戻す。これを2〜3回繰り返し、砂糖を溶かしたらでき上がりである。

これを小さなグラスに注いで何杯も飲む。最初はかなり甘く感じたが、ミントの清涼感と甘さが口いっぱいに広がり、癖になる味である。モロッコの太陽の下で育ったからか、ミントの香りがとても濃かった。

極めつけのおもてなしは、羊料理である。お祝いがあると数十人と客人が集まるそうで、そこで羊の丸焼きがふるまわれる。友人の家にも、近くお祝いに使われる運命の羊が裏庭に1匹飼われていた。

残念ながら丸焼きをいただく機会はなかったが、羊肉のクスクスはとてもジューシーで柔らかく本当に美味であった。クミン、コリアンダーなどのスパイスとお肉、野菜のスープが絡み合い、滋味深い味わいでいくらでも食べられてしまう。

フェズで感じたにおい、ミントティー、クスクス、印象深い香りや味と結びつく記憶は今でも鮮明に思い出すことができる。

モロッコは、自然の素材を肌で感じられ、五感を刺激する旅としてお勧めしたい国の一つである。いつかまた訪れて、新たな香りを発見してみたい。

香りが解き放たれる街——パリ

香りの国・フランス

フランスは香り文化が成熟した国である。香水、ワイン、フランス料理、どれをとっても香りへの深いこだわりがある。

香水や食の文化がフランス人の感性を育てたのか、もともとあったフランス人の香り好きの気質にそれぞれの文化がうまくマッチしたのか、どちらなのだろう。

水問題を抱えた中・近世の都市

パリは19世紀末まで上・下水道と水洗トイレが整備されていなかったという。中世から豊富な水源のないパリでは、身体を洗う人も少なく、同時に入浴は身体に良くないという風潮が14世紀のペスト流行以降のフランスに根付いていたため、フランス人は常にひどい体臭の中で生活をしていたと考えられる。おそらく今日のように臭いという意識はなかったのだろう。

それだけではなく、むせかえるような体臭は生命力の証とされ、健康的で魅力的だと考えられていたという。もともと香水は、体臭を隠すためではなく、体臭をさらに引き立たせるために創られた、という説もある。

19世紀後半のセーヌ県知事オスマンのときに、下水管が設置された。しかし、水洗トイレまでは完備されなかった。また、長い間下水が流れ込むセーヌ川の水をくみ取って使っていたので、非常に不衛生な時代が続いていた。

その後、医者や衛生学者が何度もパリの衛生状態を調査して、トイレの設備や健康状態の改善を求めていたが、その実行には長い時間がかかった。ようやく1894年になって水洗トイレの配管工事が法律によって義務付けられた。今でも、古い裏通りの石畳の道には、中央に汚水を流すための溝が残っている場所があり、歴史の一端をのぞくことができる。

日本とフランスの香水の「香り」の違い

下水道が整えられてから、パリは真の「華の都・香りの都」となったといえる。実際に、パリの街を歩くとさまざまな香りを感じることができる。今流行している香水が何となく把握できる一方で、大変クラシックな香水がふっと流れてくることもある。

パリや他のヨーロッパの都市では、特にメンズの香水に出会う機会が多い。それは、日本と比べると、圧倒的に香水を使用する男性が多いことに加えて、つける量が多いからだろう。

ところが、季節にもよるが、同じ香水でも日本よりすっきりと軽く感じられることがある。これは、気温と湿度の違いによって香りの感じ方にも差が出るからである。フランスと日本の気温差は、年間を通して5度ほどフランスの方が低い。そして湿度は、フランスが春から夏にかけて低くなるのに対して、日本は春と夏に高くなる逆のパターンとなる。

高温多湿な時期の日本では、ウッディやアンバーなど重厚感のある香りは、より重く暑苦しく感じられてしまう。フランス人に好まれる甘いバルサミックノートやインパクトの強いアンバーノートは、個性的ではっきりとした香りが好きなフランスの気風と気候にマッチしているといえるだろう。

美味しい香りを求めて街を巡る

パリを訪れたときは、「幸せの香り」に出会うために、ぜひ朝の散歩をお勧めする。「幸せの香り」とは、パンの焼ける香りだ。郊外でない限り、一つの地区には数軒のブーランジェリー（パンとお菓子の店）がある。まだ喧噪《けんそう》のない朝、バゲットの焼ける香ばしい香りやクロワッサンのバターの魅惑的な香りが街に漂う。その香りに誘われて、焼き立てのパンを買い、ホテルでカフェオレを頼めば立派な朝食になる。前日に、市場でフルーツやハムを調達しておけば言うことなしである。

また、街中のマルシェ（市場）は、楽しく美味しい香りに満ちている。季節の旬の果物と野菜は、香りが強く味が濃いものが多い。洋ナシ、サクランボ、アプリコット、ミラベル（スモモ）、ラズベリー、アンディーブ（チコリ）、ポワロー（ネギ）、アーティチョーク、フヌイユ（ウイキョウ）、ホワイトアスパラガス、パネ（白ニンジン）、ハーブ類などは、日本と味が違っていたり、そもそも日本では見かけないものがある。

そして、何といってもチーズのにおいには圧倒される。「神様の足のにおい」と称されるものがあるウォッシュタイプ、ロックフォールなどの塩気とピリピリ感のある青かびタイプ、熟成が進むと刺激的な香りになる白カビタイプなど、個性豊かなチーズが隙間なく並べられ、香りを放っている。

チーズは量り売りしてくれるので、気になるチーズを少しずつ買い、それに合うワインとバゲットがあれば、フランスを十分に味わうことができる。

個性ある香りとにおいを秘めた都

パリには、あまり好ましくないにおいもある。メトロ（地下鉄）のにおいがその代表だろう。

メトロのホームや通路には、車輪の焦げ臭、機械油のにおい、アンモニア臭、硫黄臭、漂白剤（シトロネラ系のにおい）、人々の体臭、これらが入り混じったにおいが存在する。このメトロのにおいを嗅ぐとパリに来たことを実感する人も多いだろう。路線によってにおいが異なるところも興味深い。

また、パリの建物はだいたいが石造りで、１００年以上の建造物は珍しくない。内装はきれいにしているところも多いが、古めかしい博物館や美術館、教会、商店などに入ると、石の冷たい湿ったにおいとカビ臭さをよく感じる。

留学時に私の住んでいたアパートは、１７０年以上経過した古い建物で、石の階段はすり減って斜めになっていた。通りに面して、大きな木の扉から共有玄関に一歩入ったときのにおいが独特だった。カビ臭さとともに、古い段ボールのような粉っぽさ、オークモスのような湿った塩気を含む土のようなにおいが、いつも玄関全体を包んでいた。どちらかというと憂鬱なにおいなのに、パリを思い浮かべるとき、真っ先に鼻の奥で（実際には脳で）感じるのはそのにおいである。

個性的な香りやにおいほど、人の記憶に残りやすい。それを意図しているのかは定かでないが、パリはあらゆるものの香りが強く、それぞれが主張している。個を尊重する国民性に共鳴するかのように、街のいたるところに多様な香りが解き放たれているように感じる。もしパリから香り・においがなくなってしまったら、それはもうパリではなくなるだろう。

旅人は知らず知らずのうちに、パリの独特な香りを記憶に刻み、またその香りを確認するためにパリを訪れるのである。

身近なもので楽しむ香りの旅

思い立ったらすぐ出発

香りを味わう旅は、特別な場所に行かなくても体験できる。

第3章の「単品香料の習得」で説明したように、嗅覚は、訓練すればするほど嗅ぎ分けや記憶ができるようになってくる。漂ってくる香りを待つのではなく、自分から嗅ぎに行くことで香りの世界は広がっていく。

ここでは、感覚を研ぎ澄ます香りの旅を、身近なもので味わうためのアイディアをいくつか紹介したい。

生活の中の小さな旅

植物園で出会う自然の香り

植物園は、季節によって変化に富んだ自然の香りを気軽に楽しむことのできる場所である。香りが豊かなバラ園が併設されている植物園も多く、他にボタンやシャクヤク、藤、梅、熱帯植物やハーブを特色にしているところもある。

もちろん花木を眺めるだけでなく、可能な範囲で香りを嗅いで五感で感じていただきたい。植物の特徴がより鮮明に感じられるはずである。花や草木がよく香りを出す午前中に訪れると、より香りがわかりやすいだろう。

おすすめの植物園

・**神代《じんだい》植物公園**（東京都調布市）

広大な敷地に、バラ園、梅、椿《つばき》、ボタン、シャクヤク、水生植物などが植えられ、四季にわたって花や植物を楽しむことができる。

・京成バラ園（千葉県八千代市）

１６００品種、１万株の多品種のバラが鑑賞できる。5月の満開時は素晴らしい芳香が漂う。

・夢の島熱帯植物館（東京都江東区）

サガリバナ、熱帯性スイレン、バニラなど、熱帯性植物が鑑賞できる。ジャングルのような温室もあり、子どもも楽しめる。

自分好みの香水と出会う旅

最近は、百貨店やセレクトショップの香水やフレグランス製品の売り場がとても充実している。ニッチ系のブランドを中心に揃《そろ》えているショップもあり、多様性が感じられる。

最近の香りの選び方は、ブランドで選ぶのではなく、自分の好みや感性、ライフスタイル、使用する場面で選ぶような傾向もある。

現在、世界中で新しいブランドが数多く立ち上げられており、香りのタイプも高級志向なものからエッジの効いたものまで豊富である。しかし、すべてを嗅ぐことはできないので、フローラル、ウッディ、シトラスなど香調の好みと希望を店のスタッフや香水アドバイザーに伝えて、いくつかセレクトしたものを実際に肌につけ、できれば数時間香りの変化をみるとよい。直感で選ぶのも面白いが、肌残りまでの変化を感じながらじっくりと香りと向き合う時間も楽しい。

至極の一本を購入したら、日によってつける量を変化させて、自分にとって心地よいレベルを探してみてはいかがだろう。天気や季節によって香水を変えるのも、気分が変わるのでお勧めである。

読んで鮮やかに香りを感じる旅

直接香りを嗅がなくても、読書から得る香りの楽しみ方もある。小説に登場する香りの描写の中には、物理的に嗅ぐことはできないが、ストーリー以上に心に残る場面がある。

マルセル・プルーストの『失われた時を求めて』の始まりのほうで、紅茶に浸したマドレーヌを口にしたときや、夏目漱石の『三四郎』に登場する美禰子《みねこ》という女性が、白いハンカチにヘリオトロープの香水をつけて三四郎に別れを告げた場面は、まるで自分も物語の中に居合わせたかのような感覚に浸れる。

作家による緻密なストーリーと情感豊かな香りの描写から、想像力を膨らませ、自由に香りを感じる旅に出かけてみてはいかがだろうか。

おすすめの本

・『源氏物語』紫式部 作

平安貴族文化を背景に、お香や香りの描写が随所に登場する。特に「空蝉《うつせみ》」（3帖）と「梅枝《うめがえ》」（32帖）では、艶美に趣深く表現されている。この物語を読んでいると、平安貴族の暮らしが香りやにおいと密接であったことがよくわかる。随所に出てくる薫物《たきもの》や、香《かぐわ》しい体臭をもつとされる「薫の君」の香りとは、どのようなものだったのだろうか。

・『銀の匙《さじ》』中勘助 作

日本版『失われた時を求めて』のような回顧録的小説。少年の繊細でみずみずしい感性が、さまざまな香りとともに描かれている。時代は違うが、自分の子ども時代を思い出すようなノスタルジックな感覚に浸れる作品。

・『香水　ある人殺しの物語』パトリック・ジュースキント 作、池内紀 訳

類まれな嗅覚をもつ〝においの魔術師〟が登場する異彩を放つ小説。香りの描写が非常に繊細で、生々しい。究極の香水は「体臭」かもしれない、と思わせてしまう凄《すご》みがある。

・『西の魔女が死んだ』梨木香歩 作

登場する料理やお茶、ハーブの香りがとても細やかに描写されている。ラベンダー畑で干したシーツに包まれたときの幸福感も手に取るように伝わり、温かい気持ちになれる。自然とともに丁寧に暮らす様子が香りを通じて伝わってくる。

・『透明な夜の香り』千早茜 作

物語に登場する調香師の「香りは、永遠に記憶される」という言葉がテーマとなっている。ハーブや季節のにおい、雨のにおい、料理のにおいなどの表現が多彩で感覚が刺激される作品。

・『凍りついた香り』小川洋子 作

「瓶を揺らしただけで香りが漂った。それは奥深い森で、シダの葉に宿った露の匂いだ。雨上がりの夕暮れに吹く風の匂いだ。あるいはジャスミンのつぼみが、眠りから覚める一瞬の匂いだ」。詩的な香りの描写は参考にしたくなるほど。実体があるようでつかみようのない香りの儚《はかな》さと、現実や記憶、人間の危うさが交錯した物語。

・『アノスミア　わたしが嗅覚を失ってからとり戻すまでの物語』モリー・バーンバウム 作、ニキリンコ 訳

もしも今、嗅覚を失ってしまったら、と終始不安になりながら読み進めた。においのない世界は、不在感や虚無感など精神的にもダメージを受けるという。香りが感じられることは大切で幸せなことなのだと改めて気づかせてくれるドキュメンタリー。何より作者の嗅覚への探求心と大胆な行動力に驚嘆する。嗅覚の医学的な視点から、香料業界、美味しそうな料理の数々まで、幅広い内容を楽しめるお勧めの一冊。

香りを聞く旅

聞香という体験

香道では「香りを聞く」と言う。嗅ぐのとは異なり、心を傾けて、心の中で香りをゆっくり味わうという意味である。「天の恵み」といわれる香木の一片を燃やさずに暖めて香気を立て、その微妙な香りを心で聞きとるのが香道の基本である。

香道は、平安時代の貴族たちが、香を優雅な生活文化として位置づけ、鎌倉・室町時代を経て、四季や文学・詩歌と深く結びつき体系づけられた香りの芸道である（写真5）。人間の五感の中でも、嗅覚を主役にした香道は、日本人ならではの繊細な感性が生み出したものといえるだろう。

近年、若い世代の間でもリラクゼーションのためにお香を楽しむ人が増えている。ま

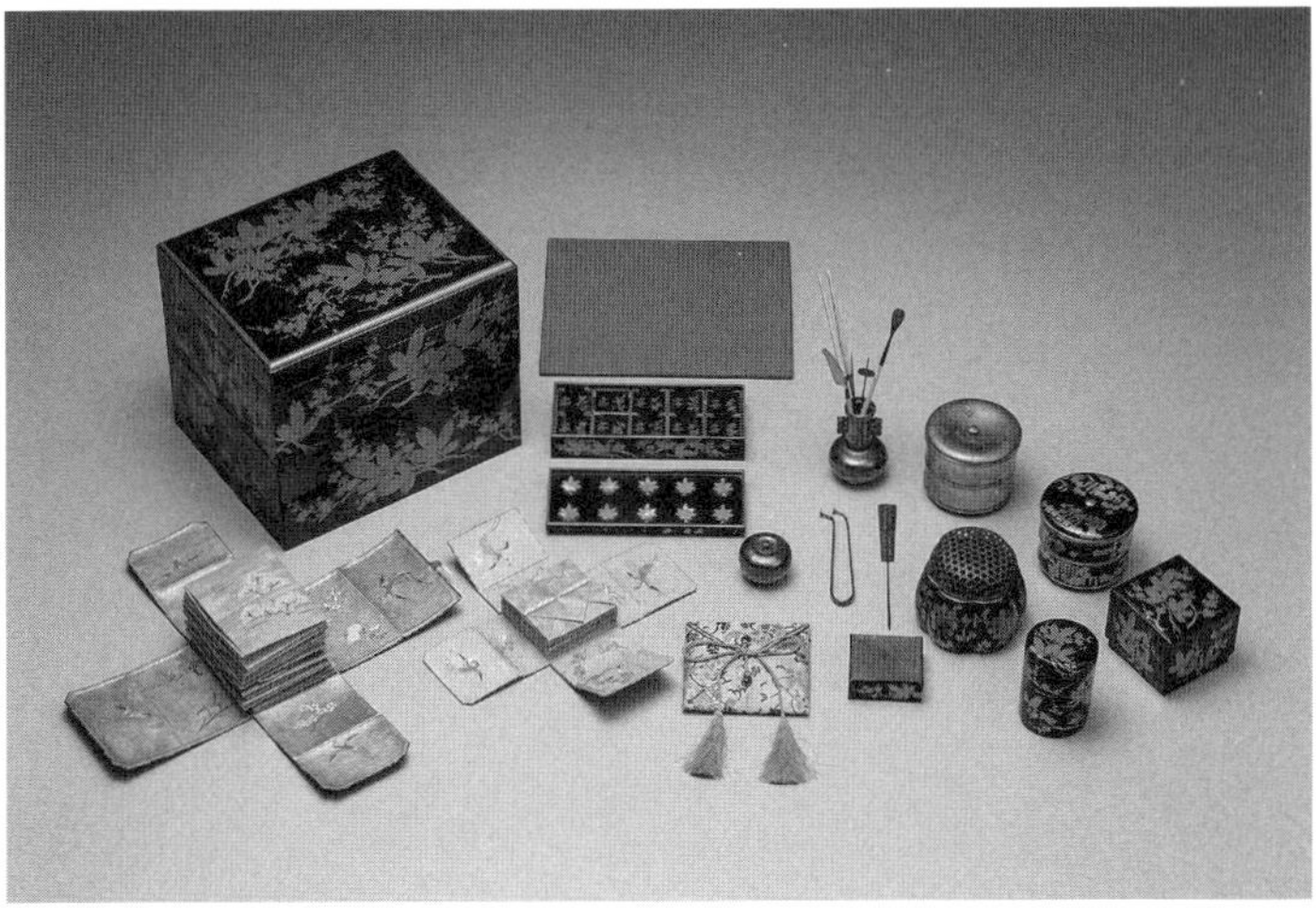

写真5　若松梅枝蒔絵十種香箱（19世紀。高砂コレクションより）

た、海外の香席イベントでは著名な調香師も参加するなど、香が注目されている。しかし、一般的には香道に馴染みのない方も多い。そこで、香水などのフレグランス製品の香りとはまた違った、神秘的な香木の香りと和の香り文化である香道について紹介していく。

お香を通して広がった日本の香り文化

沈香から始まる香木の物語

日本の香り文化はお香と深く関わってきた。日本最古のお香の記録は『日本書紀』に記されている。５９５年、淡路島に漂着した大きな流木を燃やしたところ、類まれなる香りだったことからこれを朝廷に献上し、香りを嗅いだ聖徳太子が「沈《じん》である」と言われたという。真偽のほどはわからないが、この頃すでに沈香など香木の存在が知られていたと思われるエピソードである。

沈香の名は、「水に沈む木」に由来している。生木のままでは香りを放つことはないアキラリア属、ゴノスチラス属の常緑高木の樹皮が傷つくと、ある種のバクテリアの作用により一部が樹脂化することで、水より重く沈むようになるといわれている。

この樹脂部分を含む材を加熱することにより、高貴で幽玄な香りが醸し出される。伽《きゃ》羅《ら》は、沈香の中でも最高級の品質のものを指す。

お香の文化と香道の誕生

奈良時代には、遣唐使の鑑真和上が唐からもち込んだ薬草や香原料を調合し、合香術がおこなわれるようになった。合香術とは、いくつもの単体のお香を合わせて香りを創り出す技術で、合わせたお香は仏前で薫《た》かれた。

仏教との関係性が強かったお香は、平安時代になると貴族社会の中にいっそう取り入れられ、丸薬状の形のお香・練香が定着していく。貴族たちは自ら香りを調合し、伏籠《ふせご》（写真6）などを用いて衣に薫き染める「薫衣香《くのえこう》」によって、香りを身に纏《まと》った。また部屋に香りを漂わせることを「空薫《そらだき》」といい、現在のエアケアのようにお香が使われていたようである。薫衣香も空薫も、日常的におこなわれていた。

写真6　黒漆塗伏籠（19世紀。高砂コレクションより）

他に、貴族たちの間では自らが創った香りの優劣を競う「薫物合《たきものあわせ》」と呼ばれる遊びが流行し、このような遊びを通して香りは洗練されていく。

鎌倉時代になると、禅宗の影響もあり、武士たちの間に香の世界が広がっていく。しかしそれは平安貴族の練香ではなく、沈香だけを薫く「一木《いちぼく》の香り」だった。武士の気風に合っていたと思われるこの方法が、後に香道へと繋がっていく。鎌倉時代の末から室町時代の中期にかけて、香木の香りを聞き分ける「闘香《とうこう》」という遊びが公家・武家・裕福な民衆の間で流行していった。これが香道の「組香《くみこう》」の下地になった。

このように日本で綿々と続いてきたお香の歴史は、仏教と深くかかわりをもち、一方で文化的に楽しまれてきた。お香を薫いて香りを漂わせ、心を静め、集中力を高めるといった効果を感じていたからこそ、寺院はもとより各家庭において線香を薫いて仏前に向かうことが定着したと思われる。

銘香木を科学する

銘香木とは？

時の権力者によって銘（名前）が与えられた香木を銘香木という。室町時代には足利義政らにより六十一種名香が選定されたといわれている。江戸時代初期には、香木に銘をつけることが盛んとなり、希少品であった香木を入手した大名がその一部を天皇に献上し、銘をつけてもらい（勅銘）、家宝としていたようである。

高砂香料が独自に集めたコレクションの中に、「六十一種名香」および水戸徳川家由来の「一木四銘」などの高名な銘香木がある。通常1つの香木に対して1つの銘がつけられるが「一木四銘」（次ページの写真7）は、1本の伽羅が4分割され、それぞれに銘がつけられたことからこのように呼ばれている。

なぜ4分割されたかというと、1本の最高級の伽羅の所有をめぐって肥後細川家、加賀前田家、仙台伊達家の家臣の間で争いとなり、最終的に1つは宮中へ献上し、残りを

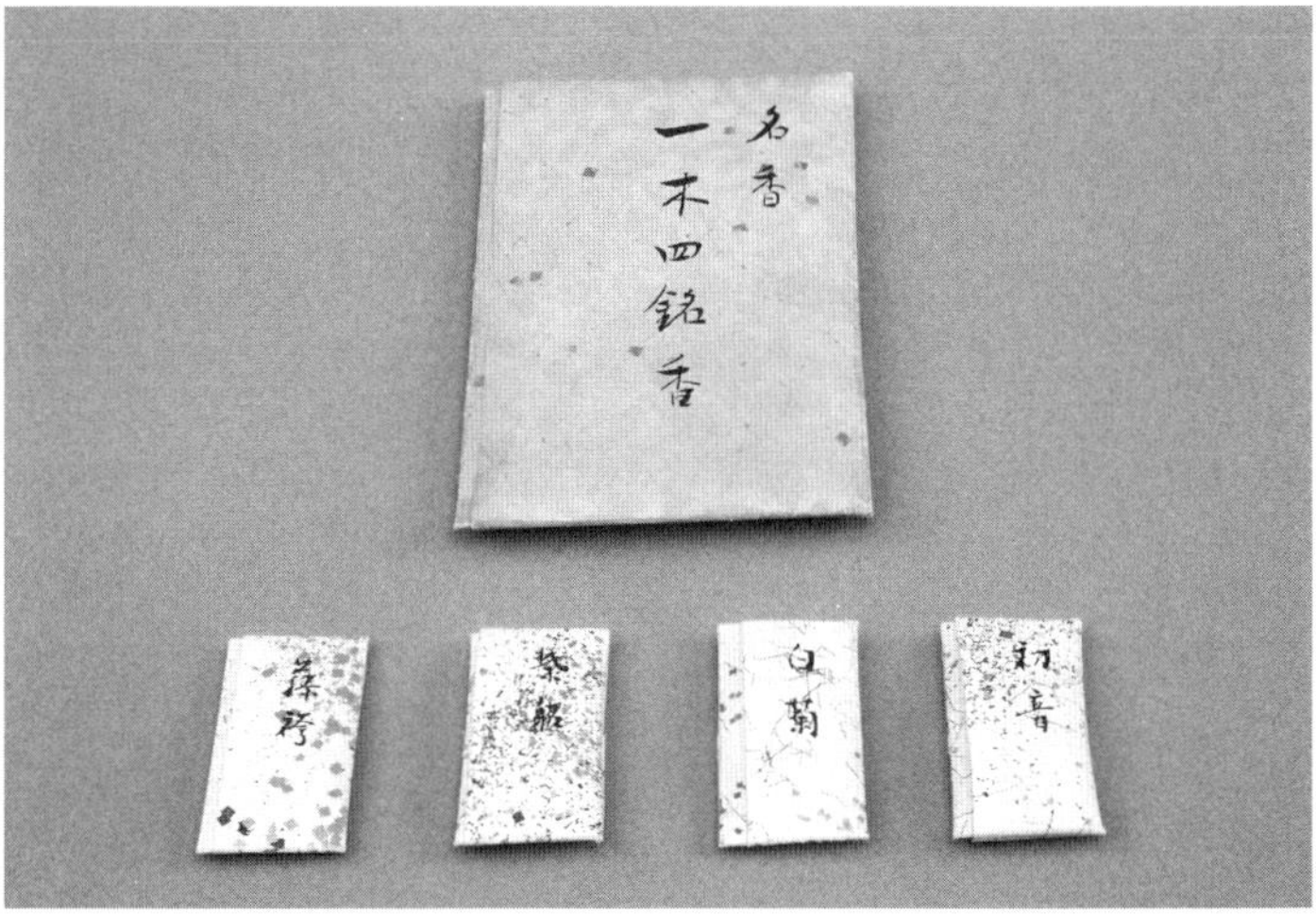

写真7　一木四銘：初音・白菊・柴船・藤袴（高砂コレクションより）

各家で分けて収めたという因縁があったからである。その後、後水尾《ごみずのお》天皇勅命「藤袴《ふじばかま》」、肥後細川家「白菊」、加賀前田家「初音」、仙台伊達家「柴船」と銘がつけられたという。

科学的検証で見えてきた奥深さ

高砂香料では、2002年に「一木四銘」の4つの銘香木の各10mgを使用して、

① 聞香による香気評価

② 加速器質量分析[*23]による年代測定

③ GC／MSガスクロマトグラフ[*24]による香気成分同定

④ GC／Oにおい嗅ぎガスクロマトグラフ[*25]による香気を特徴づけている成分の把握

をおこなっている。歴史的にも非常に貴重な試料の科学的検証となったので、ぜひ、検証結果の一部を紹介したい。

・聞香による香気評価（①）

アンバー、スパイシー、ウッディなど共通した香りがみられる一方で、藤袴と初音はハニー様の甘さとバニラ様の樹脂様の重い甘さが特徴となっている。白菊と柴船はサワー感、カンファー（樟脳《しょうのう》）など比較的軽い香気も感じられた。

・加速器質量分析による年代測定（②）

測定結果からいずれも３００年から４５０年前ぐらいの香木であり、ほぼ同一年代の物であることが確認された。ちなみに一木四銘が長崎に輸入されたのは１６２４年といわれている。

・GC／MSによる香気成分同定③、GC／Oによる香気貢献成分の把握④

検出された成分のすべてを同定することは難しかったが、沈香および伽羅の特徴成分であるカラノン、ジヒドロカラノンなどを含む約80成分を同定することができた。他にも共通成分としてカンファー、アセトフェノン、アニスアルデヒド、フルフラール、バニリンなどがみられたことは、香りの複雑さと深みを示しており興味深い[*26]。

古い時代の和の香木も、分析によって意外な要素をみせる。香木は、まさに神懸かりともいえる天然の産物である。

現在、沈香や伽羅といった香木の産出量は減少の一途である。その希少性もさることながら、香木の神秘的で幽玄な香りは、禅の思想にも通じるような精神性により尊ばれたのだろう。

現代の聞香に用いられる香木も、深く聞けば聞くほど、さまざまな表情を捉えることができる。本書を読んで香道に興味をもってくださった方は一度体験してみることをお勧めしたい。

香席体験ができる施設

・座 香十　香席体験「香りのつどい」

香間「香十庵」で香席の体験が可能。講師は御家流香道師範の丸山堯雪氏。

https://www.koju.co.jp/thekoju/worksalon.html

＊23 試料の中の微量の元素を測定する方法。

＊24 気体および液体の分析計測手法。

＊25 機器分析と人の鼻による官能評価を組み合わせた分析手法。

＊26 矢口善博・江村誠「銘香木の歴史と科学」（「高砂香料時報」146号、2003年）

おわりに

今、部屋には大輪のピンクと白のシャクヤクの花が咲いていて、ふんわりとした粉っぽい甘さと初夏の青葉のようなみずみずしい香りを漂わせている。その香りを嗅いでいると、植物の生命のパワーを感じて気持ちが晴れやかになる。

自然の香りを楽しむ一方、私たちは自らも香りを創り出し、豊かな暮らしを実現するために趣向を凝らしてきた。将来は、香りと脳のメカニズムについてさらに解明が進み、より的確に身体への効果や効能を感じられる日が来るだろう。

嗅覚は、バランスよく生命を維持していくための大事な感覚の一つである。生命のバロメーターともいわれている。香りを楽しみ、香りを活用することは、身体を鍛えるエクササイズのようなものかもしれない。

身体や感覚を鍛えるには、まずそれを意識することが大切である。季節の花のにおいを嗅いだり、森林浴に出かけて自然の息吹を吸い込んだり、ハーブやスパイスや香味野菜のたっぷり入った料理をつくったり、さまざまな国と地域の新たな魅力を探しに香りの旅に出かけるのも良いだろう。ぜひ、自分なりの楽しみ方を見つけていただきたい。香りはきっと生きる力のスパイスとなってくれるだろう。

この本を書きながら、子どもの頃に嗅いだ石鹸《せっけん》、雨露に濡れたクチナシ、プロヴァンスのラベンダー、タイのプルメリア、自分が創ったさまざまな商品の香り、「シャネルN°19」(CHANEL N°19) などコレクションした香水たち、たくさんの香料原料、実家のバラの庭、日々の食卓、クリスマスキャンドル、娘が幼い頃の頭のにおい、それらの香りとともに温かみのある、あるいは鮮烈な情景がよみがえってきた。これからも、その記憶の引き出しをときどき開けて、物語を創るように、印象に残る香りを創っていきたいと願っている。

『香りのチカラ』は、出版社からの思いがけないご依頼によって書き始めたものである。当初は、世界的に有名な調香師でもない自分が本を書くなどとんでもない、とお断りしようと考えていた。しかし、長年、香りの世界に関わってきたからこそ伝えられる香りの魅力やフレグランス香料開発の舞台裏もある。香りの文化をもっと一般に広めていきたい、という望みもずっと頭にあった。そのような思いでお引き受けしたのである。

最後に、執筆にあたり迅速かつ丁寧に情報提供をいただいた高砂香料の研究所、フレグランスマーケティング部、広報室の方々やご助言、ご鞭撻《べんたつ》をいただいた方々に、そして、時折励まし根気強くサポートいただいた編集者の井上氏に、この場をお借りして深く感謝申し上げたい。

2023年7月

平野　奈緒美

参考文献

【書籍】

・『あたらしい美容皮膚科学』（「48フレグランス化粧品」）平野奈緒美／石田賢哉、日本美容皮膚科学会監修、南山堂、２０２２年

・『アロマテラピーのための84の精油』ワンダ・セラー著、高山林太郎訳、フレグランスジャーナル社、１９９２年

・『絵でわかるにおいと香りの不思議』長谷川香料株式会社著、講談社、２０２２年

・『香りアロマを五感で味わう』廣瀬清一著、フレグランスジャーナル社、２０１７年

・『「香り」の科学』平山令明著、講談社ブルーバックス、２０１７年

・『香りの記憶』新潮社編、新潮社、１９９０年

・『薫りの源氏物語』三田村雅子／河添房江編、翰林書房、２００８年

・『香りの事典 仏・英・和』黒澤路可編、フレグランスジャーナル社、１９８４年

・『〈香り〉はなぜ脳に効くのか』塩田清二著、ＮＨＫ出版新書、２０１２年

・『香りをたずねて』廣瀬清一著、コロナ社、１９９５年

・『かぐわしき植物たちの秘密』田中修／丹治邦和著、山と溪谷社、２０２１年

・『香水』ジャン＝クロード・エレナ著、芳野まい訳、白水社、２０１０年

・『香料と調香の基礎知識』中島基貴編著、産業図書、１９９５年

・『ココ・シャネルの言葉』山口路子著、だいわ文庫、２０１７年

・『森林浴』李卿著、まむかいブックスギャラリー、２０２０年

・『調香師が語る香料植物の図鑑』フレディ・ゴズラン／グザビエ・フェルナンデス著、前田久仁子訳、原書房、２０１３年

・『調香師の手帖』中村祥二著、朝日文庫、２００８年
・『調香師日記』ジャン＝クロード・エレナ著、新間美也監修、大林薫訳、原書房、２０１１年
・『牧野富太郎　なぜ花は匂うか』牧野富太郎著、平凡社、２０１６年
・『脳のなかの匂い地図』森憲作著、ＰＨＰサイエンス・ワールド新書、２０１０年
・『人の暮らしを変えた植物の化学戦略』黒栁正典著、築地書館、２０２０年
・『L'ÉCRIVAIN D'ODEURS』JEAN-CLAUDE ELLENA著、NEZ LITTÉRATURE、２０１７年
・『LE GUIDE DU PARFUM』REBECCA VEUILLET-GALLOT著、HORS COLLECTION、２０１３年

【論文】
・「銘香木の歴史と科学」矢口善博／江村誠著（高砂香料時報１４６号、２００３年）

【ＷＥＢ】
・「育児ログ」２０２０年８月１日
・「たまひよ」２０１８年９月29日、ベネッセ

平野奈緒美（ひらの・なおみ）

調香師。フランスの香料の専門学校ISIPCAのパフューマリーコースを卒業後、高砂香料工業株式会社にて、23年間調香師として主にパーソナルケア製品の香り創りに携わる。そののちに、同フレグランス研究所の管理者を務め、2023年3月に同社を退社。現在は株式会社日本香堂にて、ホームフレグランス製品・パーソナルケア製品の香り開発・調香をおこなう。

香りのチカラ

調香師が知っている、においと人の深いつながり

2023年12月5日　初版第1刷発行

著者……平野奈緒美

イラスト……市村 譲

発行者……池田圭子

発行所……笠間書院

〒101-0064
東京都千代田区神田猿楽町2-2-3
電話03-3295-1331
FAX03-3294-0996

アートディレクション……細山田光宣

装幀・デザイン……鎌内文（細山田デザイン事務所）

本文組版……キャップス

印刷・製本……太平印刷社

ISBN 978-4-305-70999-8

https://kasamashoin.jp